工业设计史

第三版

于晨升 等

上海人民美术出版社

CONTENTS

目 录

下篇：
工业设计繁荣阶段
（1955 年后）

FOREWORD

时光荏苒，日月如梭。转瞬之间，高等院校工业设计教育教材《工业设计史》已出版近十年了，期间受到了业内同行的广泛好评。考虑到工业设计史应及时反映业内最新研究成果和最新的设计趋势，是以应上海人民美术出版社之邀，对《工业设计史》教材进行再版修订。

本次修订保持了原作断代明晰、覆盖全面、重点突出、文笔简洁的特点，并根据教育部高等学校机械类学科教学指导委员会工业设计专业教学指导分委员会讨论通过的工业设计史课程教材编写大纲进行了增补。在内容上，特别强化了中国古代科技与设计一章内容，增加了中国古代建筑一节；对工业设计孕育与探索阶段的史料进行了补充和完善；对原作中上下文叙事的连贯性进行了全面的提升、润色；参考近年工业设计学科研究的发展，对延伸阅读材料进行了补充；同时，结合大众创业、万众创新的国情，对每个章节后的思考题进行了增删。新思考题在要求学员回顾本章内容的同时，结合当前市场产品设计发展的前沿趋势，着重对学员创新兴趣和创造性思维的启迪与激励。本次修订也对原作文字进行了全面的梳理与勘误、完善。所务者，博采众长、因应社会与科技发展，力求使新版《工业设计史》（第三版）臻于完美也。

对科学技术发展趋势的把握是本《工业设计史》（第三版）教材的亮点之一。物联网、大数据、人工智能，新技术的飞速发展对工业设计教育提出了新的挑战。作为集科学技术、艺术、人文、社会与经济多学科之大成的工业设计，对新时代的创新创造起着举足轻重的引领作用：虚拟与增强现实产品、可穿戴产品、日新月异的手持通信设备、无处不在的人工智能，无不向人们展示着科技背后设计的魅力；石墨烯的发现是近年材料科学领域的重大突破，也为设计带来了更多的可能；人脑工程旨在揭示人类认知的真谛，也极大地拓展了交互设计的范畴。美国

第三版序

学者约瑟夫·派恩（Joseph B. Pine II）和詹姆斯·吉尔摩（James H. Gilmore）认为，从美国到欧洲的整个发达社会经济，其工业到农业、计算机业、因特网、旅游业、商业、服务业、餐饮业、娱乐业（影视、主题公园）等各行业都在上演着体验或体验经济，其著作《体验经济》带来了广泛的社会反响，也诱发了对设计更深入的思考。有鉴于此，本教材在工业设计新趋势一章，也对这些新技术记录下了浓重的一笔。

本次修订由王晨升主持，修订过程中得到了上海人民美术出版社的大力支持，谨向相关人员表示诚挚的谢意。此外，也对本书参阅引用的大量文献、资料和图片的原作者表示衷心的感谢！

英国学者史蒂芬·斯宾得（Stephen H. Spender，1909—1995）曾说过，"历史好比一艘船，装载着现代人的记忆驶往未来"。客观地看待工业设计发展历史，有助于准确把握设计的未来。编修之余，颇感修史有类于做人，自古以来，唯有本着明正心性、诚信唯实，方可至大成。窃以为此为当下社会所或缺者也。故有意以此书为媒，克己求实，明踏实诚信之德，正谦逊向学、不务虚华之心，端正学风，与各位读者共勉。

修订《工业设计史》（第三版），再次徜徉于设计史料之浩瀚大海，博览群书，追随名士先贤的足迹在设计的名山大川遨游；掩卷之余，20世纪工业设计史波澜壮阔的画面久久在脑海盘桓回荡，不觉令人感慨万千，肃然起敬。更感到唯兢兢业业、脚踏实地，竭尽个人之努力，撷取工业设计发展历程中闪光之精粹，方能结金石以成集，以飨读者。然能力所限，力有不逮之处，万望方家、同行和各位读者不吝指正。

编者

于北京中关村

2020年7月

FOREWORD

兼谈国学之于设计

　　笔者与王晨升博士是好友，工作之余，常与之探讨人生、理想、宗教等涉及终极追求等的问题，王博士对笔者所研究的国学领域也有浓厚的兴趣。兴致所及，往往把酒临风，纵横古今，游弋于往圣先贤与当代豪杰之间，所悟颇多。如何将中国传统文化与现代科技相结合，一直是我们探讨的诸多问题之一。今应邀为《工业设计史》作序，虽实出预料之外，但也在情理之中，盖天下学问实出一理故也。余长期从事人文学科研究，于工业设计实在是门外汉。细读书稿，方觉工业设计乃是一门跨越哲学、心理学、工程学、美学、人机工程学和社会学等的综合性学科，其中人文的因素颇多，特别是中国的工业设计，又与国学之演进有着密切的联系，如发之于肤。余顿觉感悟良多，由此而发，一吐为快。故不揣浅陋，妄谈一些国学与设计的关系，就正于方家。

　　何谓国学？这是一个从"国学"概念提出之后，就没有停止过争议的问题。从关于国学定义的争论看，这是一个动态的问题，一时很难有绝对的终极结论。但是，在当前的社会形势下，笔者以为，可以从空间和时间两个方面加以考察。从空间上看，国学一定是源自中国的学问。当然，一门外国的学问如果传入中国时间很长，生根发芽，开花结果了，也可以成为国学的一部分，例如佛教。而从时间上看，国学应当是指近代西方文化传入以前，与"西学"相对应的中国传统文化之学。故我们这里所说的国学，是指 1840 年以前，流行于中国的各种学问的总和。也可以说，就是中华优秀传统文化。

　　那么国学与工业设计有什么关系呢？《工业设计史》这本著作已经在中国古代设计部分进行了深刻的分析。在近代西方文化传入以前，国学并没有哲学、美学、心理学的分科体系，但是，西方人研究的问题我们的祖先也都有所涉及，因而，国学也就成为古代国人进行产品设计的指导思想。在古代曾经产生灿烂的中华文明的国

初版序一

学，即使在今天，仍然可以成为我们当代工业设计宝贵的精神资源。以笔者粗浅的见识，以为国学对于工业设计，至少可以发挥如下三方面的作用。

首先，国学是工业设计的指导思想。譬如，中国哲学自古就讲究中庸和谐，提倡一种不偏不倚的处事方式。这种中庸和谐的思想表现在产品设计上，就产生了一种叫作"欹（qī）器"（图1）的取水工具。欹器有一种奇妙的本领：未装水时略向前倾，待灌入少量水后，罐身就会竖立起来，而一旦灌满水时，罐子就会一下子倾覆过来，把水倒净，随后又自动复原，等待再次灌水。欹器在鲁国的宗庙中供奉，孔子赞曰："吾闻宥坐之器，虚则欹，中则正，满则覆。"孔子从欹器看出了做人的道理。推而广之，中国人将做人的道理，也渗透在他们设计制作的器具当中。我们当代的工业设计，可以从古人的中庸哲学中汲取什么样的智慧呢？如何使我们设计的产品与自然、社会环境相协调，不偏不倚、和谐适中呢？这些都需要从哲学的高度去把握。

其次，国学表达了中国人的审美意识。在中庸哲学的指导下，中国人自古形成了一种讲究对称、平衡、稳定的审美观念，这在中国古代的建筑上有着典型的表现。儒学主张中正有序，故建筑平面布置得方整对称，昭穆有序，从而形成都城、宫殿及建筑群体严格的中轴对称布局形制（图2）。千百年来形成的思维定式，使中国人形成了相对固定的审美观念——符合中庸平衡的东西就是美，反之就是丑，由此创造的中国古代艺术奇葩独步世界。今天的工业设计应如何融合中华文明的精粹，使中国设计再现辉煌，屹立于世界文明之林，也是值得每个从业人员深思的问题。

最后，国学赋予设计以中国的精神、中国的气概。《周易》说："天行健，君子以自强不息。"中国的天安门、天坛，建筑气势恢宏，雄伟庄严，昂扬于世界民族之林。中国古代的四大发明造纸、印刷、火药、指南针，对于世界文明的发展产生了巨大的推动作用。这些都是中国人自强不息精神的充分表现。《周易》又说："地势坤，君子以厚德载物。"传统的中国设计，也能够充分地吸收世界各国的文明成果，将其与中国的文化相结合。譬如，洛阳龙门的卢舍那大佛（Locana buddha）（图3），

图 1 欹器

图 2 故宫

图 3 卢舍那大佛

向世人发出了东方维纳斯的永恒的微笑；唐三彩的商队，深目高鼻的胡人游弋于中国商人之间。弘扬民族精神和吸收外国先进文化的广博胸怀并不矛盾。正是有了这样的精神气质，所以中国自古以来虽天灾人祸不断，但是亿万中华儿女却能屡挫屡战，前仆后继，屡创辉煌，并于 21 世纪再次崛起于世界的东方。中国人自己设计的高速列车纵横驰骋，嫦娥飞船直奔太空……自强不息和厚德载物的国学精神，已成为当今国人奋勇拼搏的精神动力和追赶世界前沿的指导方法，也必将促进更多具有中国元素的、世界级的设计产品的诞生。

作为一门现代科学，"工业设计史"更多的还是介绍西方工业革命以来的设计思想及其成果。毫无疑问，近代以来我们落后了，要完成中国社会的现代化，我们还需要认真学习西方许多成熟的、先进的东西。固步自封是没有前途的，只有更多地吸收世界上一切优秀的文化，学习其先进的技术，才能更好地发展我们的物质和精神文明。然而，学习西方是为了更好地发展自己，古代中国的国学，就是在与世界各地文明的不断交流中融合、发展壮大起来的。当代中国面临的是一次更为全面，也更为深刻的全球文化融合、技术交流大潮，这一定会给我们的国学提供更多的营养，使其获得更大的发展，进而为具有中国特色的工业设计的发展提供更加强有力的精神支撑和哲学指导。

以铜为鉴，可以正衣冠；以人为鉴，可以明得失；以史为鉴，可以"知兴替"。对于上述内容，《工业设计史》在不同的章节中分别有所涉猎，相信一定能够带给读者以拓展专业知识的愉悦和审美艺术的享受。读《工业设计史》，令人不禁浮想联翩，愿古老的国学通过跟现代先进科技的融合，在我国年轻有为的科技工作者手中更好地结合起来，使他们设计出更多科技含量高、质优价廉、符合中国人精神气质和审美习惯、具有鲜明中国特色的国际级的产品。

张践 教授

于中国人民大学

2020 年 7 月

FOREWORD

　　对史论的著书立说，不仅需要博古通今、明鉴史实，还要面对浩如烟海的大量资料和文献进行考证检索，对历史人物进行种种探寻，以求在客观的历史见解下，对其进行重新审视，否则便不得其要。这既需要对历史的尊重，更需要有批判的视角，对史论作者而言，尤为其难。

　　《工业设计史》出版十年后，再次受王晨升博士之托写此序，惊喜之余也不乏些许忐忑。一来时过境迁，十年前到现在的变化已经是很大了，当时的语境与今天已经无法同日而语，另外对于设计历史的发展，各种新的文献资源不断涌现，传统的认识和角度也会随时间的迁移出现调整和改变。王受之先生的《世界工业设计史》曾经是中国设计院校学生人手一本的必读之作，但今天来看，作为了解设计在工业化时代变化的历史过程记录的知识点外，由于其庞大繁杂的体系，设计学科发展历史的一些重要主线反而容易模糊。当然，在那个改革开放大量引进和翻译国外文献的时代，这样的苛求似乎有点过分。但从另一个角度来说，如何给读者提供既符合历史发展的全面关照，又在深度上具备可以延伸和挖掘的独特信息和观点，能够从历史事件和人物、作品延伸到事件背后的变化，并厘清历史发展的主线，这无疑是具有相当挑战的。

　　设计的历史伴随着人类发展的历史长河而延伸。自工业化以来，由于技术与社会环境的变化，设计作为创新事物的科学呈现出越来越复杂的状态。可以说，迄今为止设计学仍然是一门十分年轻的学科，它的成长得益于经济、技术、产业、人文、社会等多种因素的融合反应。在这样的情况下，设计历史的发展及其所呈现出的变化，在每一个开始的阶段都折射出后来发展的影子，正因为如此，我们才能从威廉·莫里斯（William Morris）到无印良品（MUJI），从乌尔姆造型学院（Hochschule für Gestaltung, Ulm）到苹果公司，从维克多·帕帕尼克（Victor Papanek）到绿色设计看到这样的发展轨迹。

　　对读者而言，设计史是一扇开启智慧的窗户。它不仅让我们看到那些经历辉煌时代的大师们的璀璨人生，也看到此起彼伏的设计流派和运动，新与旧、传统与现代、过去与未来的撞击和扬弃。在设计发展的历程中，这种变革和影响来得尤为强烈。

初版序二

解读历史的方法有很多，每个诠释者的角度也不尽相同，如果仅仅是复述已经被前人多次描述过的历史而不能从新的角度去解剖历史事件的表象之下每一个潜藏的内在关系，这样的历史描述只能起到复印机的作用。社会在进步，大众对历史的知晓程度和专业辨识水平都在提升，也会对我们的历史诠释者提出更高的要求。在这点上，我对尤瓦尔·赫拉利（Yuval Noah Harari）撰写《人类简史》的角度和观念十分赞赏，他另辟蹊径从一个新的视角解读历史，在解读中融合了创新的思考，让人耳目一新。

站在 21 世纪的起点去回顾现代设计的变革，你不仅会发现历史有许多惊人的相似之处，也会让你更多地了解未来！多年前，美国著名学者阿瑟·普罗斯（Arthur Jon Pulos）的名言还留在我的耳边："Industrial designers must have their feet planted firmly in the present, ……they learn to see ahead 'to the future'."（设计师要立足现在、放眼未来。）

很高兴得知王晨升博士主编的《工业设计史》（第三版）出版，相信一本书能够十年不衰的得以再版继续，说明本书的内容得到了广大读者的肯定和喜爱。本次王晨升老师又在原有基础上增加了新的内容，一是将设计的历史延伸到中国古代科技与技术方面，另外又将物联网、人工智能和虚拟现实等最新科技内容包含进来。本书与时俱进地扩展了设计的内涵和外延，是所有希望将工业设计历史作为基础知识的读者们很好的入门向导。

在数十万年的人类社会发展历史长河中，工业社会发展至今也就三百多年，信息社会的来临又将人类社会带入了一个新的阶段，我们正站在历史的十字路口，也许一切都需要重新认识。"日拱一卒无有尽，功不唐捐终入海"，我相信对每个人而言，唯有不断求知才不会落后于时代！

蔡军 教授
清华大学美术学院
2020 年 7 月

FOREWORD

设计，作为人类为满足生存和精神需求的造物活动，几乎与人类最初打制原始工具的行为同时产生，其实践远远早于理论的形成。早期人类有关设计的经验性总结，可以追溯到中国古代的《考工记》和古罗马盖乌斯·普林尼［Gaius Plinius Secundus, 23（或24）—79］的《博物志》，这些都可视作设计这门科学的理论起点。

工业设计，是人类设计活动的延续和发展，有着悠久的历史。作为一门完整的独立学科，它经历了漫长的酝酿阶段，直到20世纪20年代才得以确立，因而是一门古老而又年轻的学科。

工业设计的发展，反映着不同时代的科技和物质生产的水平，也体现了一定的社会意识形态的状况，与社会的政治、经济、文化、艺术、科学技术等方面的发展有密切的关联。因此，探究工业设计历史演化的特点，就有必要研究工业设计发展的社会背景，并由此把握推动工业设计技术进步的动力与源泉。

本书采用编年体的形式，面向工科院校工业设计专业的本科学生、研究生及工业设计从业人员，以人类社会和科学技术发展的大背景为脉络，结合工业设计发展历史上重要的人物和事件，深入探讨工业设计风格、流派的产生和发展的内在根源，使读者能客观地了解和认识推动工业设计发展的主要因素、不同时期设计发展的兴衰成败，更好地洞察工业设计历史演变的深层次规律，进而把握在不同社会历史发展时期工业设计的发展趋势。

21世纪是工业设计的时代。社会物质文明的高度发达，微电子、互联网、信息技术等新兴科技的发展，为工业设计师提供了比以往任何时候都更为广阔的舞台。前事不忘，后事之师，时代的发展呼唤具有国际眼光、高素质的中国工业设计师。正确扬弃历史，是作为新时代的工业设计从业人员的必备素质，是实现创新设计的基础，也是一个工业设计师走向成功的关键。了解工业设计发展历史的作用也就在于此。

本书通过对各个历史时期的典型事件、重要流派、代表人物及其代表作品的刻画，力求条理清晰、博而不滥、重点突出地反映工业设计学科历史发展的全貌。在编写过程中，我们着重强调了以下几个方面的内容：

1. 工业设计与科学技术的辩证关系。在介绍工业设计发展的各个历史时期的重要事件、流派（风格）、代表人物及其代表作品的同时，着重强调科学技术对工业设计的发展所起到的基础和推动作用，使读者能从某些方面洞悉工业设计发展的深层次动因。

2. 古代设计文明。对工业设计的萌芽时期的介绍得加以强化。譬如中国古代及国外古代设计所反映的古代科技水平、所代表的璀璨文明的硕果，特别是中国有记载的，如《考工记》《天工开物》等古代典籍以及中国古代建筑设计，对于从事工业设计和相关研究的学者及工业设计

前　言

师来说，直到今天，仍不失其启蒙价值。

3. 兼顾统筹。本书对于纷纭的工业设计发展史上的事件，在分章节的内容中，重点介绍了各个历史时期的重要流派、代表人物及其代表作品，同时，兼顾了同时代非主流流派及其作品。章节之间，在科学技术进步、社会发展大背景的主要脉络之外，不同流派的发展、派生及其分支的形成原因，也都得到了辩证的解析，以使读者能更加准确地把握工业设计史的内涵。

4. 着重实用。本书着重于工业设计史上著名流派的深入剖析，特别是对其代表人物及其风格的刻画，通过对本书的学习，读者的工业设计鉴赏能力、联想和创新创造能力会形成有益的促进。

全书分上、中、下三篇，共十二章。上篇工业设计孕育与探索阶段（1850年前），包括第一至第四章；中篇工业设计形成与发展阶段（1850—1955），包括第五至第十章；下篇工业设计繁荣阶段（1955年后），包括第十一、第十二章。其中，绪论由北京邮电大学王晨升编写，第一至四章由北京邮电大学王晨升和上海理工大学倪瀚共同编写，第五、第六章由北京航空航天大学魏晓东编写，第七章由北京印刷学院巫健编写，第八章由北京邮电大学李霞编写，第九章由北京联合大学冯豫韬编写，第十章由北京理工大学姜可编写，第十一章由北京科技大学李淳编写，第十二章由北京邮电大学汪晓春编写，并由王晨升扩编。全书由王晨升统稿修订。北京邮电大学工业设计专业研究生陈亮、何秀琴、马思羽、王冬冬、胡柳婷、王攀凯等，参加了书稿的整理和校对工作。

本书在编写、修订和出版过程中，得到了上海人民美术出版社的大力支持，谨向相关人员表示诚挚的谢意。此外，本书在编写时参阅了大量的文献和资料，引用了不少珍贵的图片，尽管部分重要的文献及资料已分别列示于延伸阅读和参考文献中，但限于篇幅，不能穷尽，在此一并向原作者表示衷心的感谢！

放眼工业设计发展的漫漫历史长河，有无数绚丽多彩的浪花，涌现出了一代又一代有创造力的时代巨匠、影响深远的设计流派、富有创意的经典设计和众多默默为时代奉献的手工艺师及工业设计师。正是他们对创意、创新和创造的孜孜追求，为人类文明的锦绣画面增添了智慧之花。在某种意义上，编写一部工业设计史，犹如采撷大河中的几朵浪花，难免有挂一漏万之嫌。尽管编者努力尝试通过本书来反映工业设计发展的历史全貌，但有鉴于资料和水平所限，书中难免有不足和错误之处，敬请读者不吝批评指正！

编者

于北京中关村

2020年7月

PREFACE

　　设计，作为满足人类生存和精神需求的造物活动的一部分，可以追溯到石器时代原始人类有意识地打造工具的行为。古人类从最初使用天然石块或棍棒作为工具，到有意识地拣选、打制石器作为日常生活所需要的工具，逐步实现了有目的的劳动。从工具锋刃的打制到光滑的外表，反映出古人类对实用功能的追求和对美的理解。而实用和审美的结合，则赋予了原始工具以物质和精神的双重意义。可以说，设计的萌芽在那时就产生了。

　　设计的英文单词是 Design，源于拉丁语 Designara，本意是指画符号，即把设计的思想以符号、图形或模型等方式表达出来。《韦伯斯大辞典》对 Design 作为动词的解释是：①在头脑中想象和计划；②谋划；③创造独特功能；④为达到预期目标而创造、规划、计算；⑤用商标、符号等表示；⑥对物体和景象描绘、素描；⑦设计与计划零件的形态和配置。

　　近代设计史学家认为，所谓设计，指的是把一种设想、构思、规划或问题的解决方法通过视觉方式传达出来的活动过程。它包含三个核心内容，即：

　　1. 构思、设想的形成。

　　2. 视觉传达方式，即把构思、设想或解决问题的方法利用视觉的方式表达出来。

　　3. 构思、设想通过传达之后的具体应用。

　　可见，设计不仅仅是一项具有明确目的的、有意识的活动，更是一种从无到有的创造性的活动。

　　从史学角度看，人类的设计活动大体上可以划分为三个阶段，即设计的萌芽阶段、手工艺设计阶段和工业设计阶段。一般认为，设计的萌芽阶段始自于约公元前 300万年 – 公元前 1 万年的旧石器时期，从那时起，人类便开始在石、土、木、骨、角等器物上做精细的加工，使器物带上了人类有意识构思的外形，当然，也包括美的要素；到新石器时期，陶器的发明，是人类通过化学变化来改变物质特性的创造性

绪 论

活动，也标志着人类手工艺设计阶段的开端；近代，工业革命的兴起，使人类使用机械进行大批量产品生产成为可能，人类的设计活动也从此进入了工业设计阶段。

第一节　工业设计的定义

工业设计，是伴随着科学技术发展带来的大规模工业化生产而出现的新兴学科。

成立于 1957 年的国际工业设计联合会（International Council of Societies of Industrial Design，ICSID），在 1980 年的巴黎年会上为工业设计下的定义为："就批量生产的工业产品而言，凭借训练、技术知识、经验及视觉感受而赋予材料、结构、形态、色彩、表面加工及装饰以新的品质和资格，叫做工业设计。根据当时的具体情况，工业设计师应当在上述工业产品全部方面或其中几个方面进行工作，而且，当需要工业设计师对包装、宣传、展示、市场开发等问题的解决付出自己的技术知识和经验以及视觉评价能力时，这也属于工业设计的范畴。"

2006 年，国际工业设计联合会给出的工业设计的定义，强化了设计这个大的概念，并从目的和任务两方面对设计进行了说明，具体如下。

1. 目的。设计是一种创造性的活动，其目的是为物品、过程、服务以及它们在整个生命周期中构成的系统建立起多方面的品质。因此，设计既是创新技术人性化的重要因素，也是经济文化交流的关键因素。

2. 任务。设计致力于发现和评估与下列项目在结构、组织、功能、表现和经济上的关系：增强全球可持续性发展和环境保护（全球道德规范）；给全人类社会、个人和集体带来利益和自由；最终用户、制造者和市场经营者（社会道德规范）；

在世界全球化的背景下支持文化的多样性（文化道德规范）；赋予产品、服务和系统以表现性的形式（语义学），并与它们的内涵相协调（美学）。

设计关注于由工业化——而不只是在生产时所用到的某几种工艺——所衍生的工具、组织和逻辑创造出来的产品、服务和系统。限定设计的形容词"工业的"（Industrial）必然与工业（Industry）有关，也与它在生产部门所具有的含义或者其古老的含义"勤奋工作"（Industrious Activity）相关。换句话说，设计是一种包含了广泛专业的活动，产品、服务、平面、室内和建筑等专业都在其中。这些活动都应该和其他相关专业协调配合，以达到进一步提升生命价值的目的。

2015 年，国际工业设计联合会在韩国光州召开了以"重新定义工业设计"为主题的第 29 届年会，会上更新了工业设计的定义：（工业）设计旨在引导创新、促发商业成功及提供更好质量的生活，是一种将策略性解决问题的过程应用于产品、系统、服务及体验的设计活动。它是一种跨学科的专业，将创新、技术、商业、研究及消费者紧密联系在一起，共同进行创造性活动，将需解决的问题、提出的解决方案进行可视化，重新解构问题，并将其作为建立更好的产品、系统、服务、体验或商业网络的机会，提供新的价值以及竞争优势。（工业）设计是通过其输出物对社会、经济、环境及伦理方面问题的回应，旨在创造一个更好的世界。

2017 年，在意大利都灵召开的第 30 届年会上，沿用了近 60 年的"国际工业设计联合会"（ICSID）正式改名为"国际设计组织"（World Design Organization，WDO），并给出了工业设计的最新定义：工业设计是驱动创新、成就商业成功的战略性解决问题的过程，通过创新性的产品、系统、服务和体验创造更美好的生活品质。

美国工业设计师协会（Industrial Designers Society of America，IDSA）下的定义为：工业设计是一项专门的服务性工作，为使用者和生产者双方的利益而对产品和产品系列的外形、功能和使用价值进行优选。

加拿大魁北克工业设计师协会（The Association of Quebec Industrial Designers，AQID）认为：工业设计包括提出问题和解决问题两个过程。

中国《关于促进工业设计发展的若干指导意见》（工信部联产业〔2010〕390号）中指出：工业设计是以工业产品为主要对象，综合运用科技成果和工学、美学、心理学、经济学等知识，对产品的功能、结构、形态及包装等进行整合优化的创新活动；工业设计的核心是产品设计，广泛应用于轻工、纺织、机械、电子信息等行业；工业设计产业是生产性服务业的重要组成部分，其发展水平是工业竞争力的重要标志之一。

由此可见，工业设计是一种综合运用科学与技术、以提高或改善人类生活品质（包括精神与物质两方面）为目的的创造性活动。工业设计的对象包括从产品到服务、从平面到建筑等与人类生活密切相关的各个方面；工业设计的核心是设计，其本质是创新与创造。

第二节 工业设计发展的基本脉络

设计史论认为，就其本质来说，设计是科学技术的一部分，是科学、艺术与经济的结合体，共同对设计的目标、功能、结构、程序技法和结果发挥作用；同时，设计也是科学技术走向商品化的必由之路。工业设计的发展一直与社会政治、经济、文化及科学技术的发展密切相关，与新材料的发现、新技术和新工艺的采用相互依存，同时也受到了不同时代的艺术风格及人们审美爱好的直接影响。

就其历史而论，我们可以从时间和空间（地域）两方面来把握工业设计发展的脉络。

一、工业设计发展的三个阶段

从时间上看，工业设计的发展大体上可以划分为三个阶段，即前期——孕育与探索阶段，中期——形成与发展阶段和后期——繁荣阶段。

1. 前期——孕育与探索阶段（1850年前）

这一阶段以1851年伦敦万国工业产品博览会为里程碑。在这里有必要指出，从古代人类与自然斗争、改善生存环境的有意识的造物活动，到近代陶、瓷、金属器物的制作，漫长的人类文明发展积淀形成了设计学厚重的基础。但就工业设计而言，其轮廓则在近代才得以清晰。

（1）史前时代的科技与设计

"上溯到石器时代，从南方的元谋人到北方的蓝田人、北京人、山顶洞人，虽然像欧洲洞穴壁画那样的艺术尚待发现，但从石器工具的进步上可以看出对形体形状的初步感受。"在那个时期，技术（技艺）被用来把现有的天然资源（如石头、树木和其他草木、骨头和动物副产品等）经由如刻、凿、刮、烧及烤等方式，单纯地转变成简单的工具。

火的使用和掌握［约公元前100万—公元前50万（History World，2006年）］

是人类技术演进的转折点 [1]。火，不仅为人类提供了具有许多深远用途的简单能源，而且被人类创造性地应用到了天然材料的加工上。特别是后来的陶器制作，是人类文明史上第一次利用火来改变物质属性的伟大的科学创举。以陶器的生产为标志，人类结束了上百万年的狩猎生活，开始了农耕和定居生活。

正是由于人类对于材料的认知，对于材料结构和性能知识的不断实践与掌握，才促使了后世工艺与美术设计的发展与完善。也正是通过不断的造物实践活动，人们得以逐渐意识到了科学技术对人类造物活动的限制与促进作用，从而形成了"科技——设计实践——科技"循环发展、螺旋上升的趋势。

（2）工业革命前的科技与设计

自原始社会以来至 18 世纪工业革命前的产品和设计，大多着重产品艺术元素的展现，如陶器、陶瓷、青铜器、玉器和家具等。就当时科技发展的水平来看，可以说，诸方面的艺术设计均取得了较高的艺术成就。以中国为例，在古代的设计中，陶瓷工艺美术是最具代表性的设计艺术。烧制陶器的温度一般在 1200 摄氏度以下，而瓷器则在 1200 摄氏度以上，并且瓷器表面还要上釉质，可见，古代陶瓷匠人对黏土、釉材和温度控制等方面有了较清楚的科学认识。近代考古出土的陶瓷器物不乏精美之器，古人高超的设计水平和烧制技术令世人惊叹。

图 1　司母戊大方鼎（商后期）

青铜器（图 1）是中国古代又一重要的工艺和设计品类，它生动地体现了古代中国人对科学技术的精湛运用。从断代史的观点来看，中国的青铜时代在公元前 2000 年左右开始形成，经历夏、商、周三代，止于公元前 5 世纪。中国在进入青铜时代之前，有一个漫长的科学技术积累期，到商晚期和西周初期，青铜工艺发展到了顶峰 [2]。在世界青铜史上，中国青铜工艺以其冶铸技术之先

1　世界上最早使用火的原始人类是中国的元谋人。元谋人遗址是 1965 年在云南省元谋县那蚌村发现的。考古研究表明，元谋人距今大约有 170 万年，是我国乃至亚洲最早的原始人类。考古工作者在这一遗址中发现了两颗古人类门齿化石和一些粗糙的石器，这说明元谋人已会劳动，会制造和使用工具。此外，还发现了很多燃烧过的炭屑和兽骨。兽骨的颜色发黑，显然是燃烧过的，这表明元谋人已经掌握了天然火的使用。

2　夏商周时期，我国的青铜铸造业高度发达，史称青铜时代；而世界范围内的青铜时代大致从公元前 2000 年以前，一直持续到公元前 500 年以后。一般把中国青铜文化的发展划分为三大阶段，即形成期、鼎盛时期和转变期。形成期是指龙山时代，距今 4500-4000 年；鼎盛期即中国青铜器时代，包括夏、商、西周、春秋及战国早期，延续约一千六百余年，也就是中国传统体系的青铜文化时代；转变时期指战国末期－秦汉时期，青铜器已逐步被铁器所取代，不仅数量上大减，而且也由原来礼乐兵器及使用在礼仪祭祀、战争活动等重要场合变成日常用具，其相应的器别种类、构造特征、装饰艺术也发生了转折性的变化。

进、生产和制造规模之宏大、品种造型之多样、设计之独具匠心和装饰之精美而独树一帜。

设计史料表明，古代器物的设计与制作水准，受到不同时期科技水平的制约，那些不合时宜的设计，即与当时科学技术不相适应的设计品类被逐步淘汰。这一点从历代出土的古文物的设计、制作工艺日渐精良上可以得以印证。

2. 中期——形成与发展阶段（1850—1955）

这个阶段以德意志制造联盟和包豪斯设计学院的成立为主要标志。工业革命的成功带来的科技进步和机器化大批量生产，是推动工业设计逐步发展成为一门独立学科的主要动力之一。

工业革命，也称产业革命，指资本主义完成了从手工业向机器大工业生产过渡的阶段。

第一次工业革命以詹姆斯·瓦特（James Watt，1736–1819）蒸汽机（图2）的发明为重要标志，人类开始进入蒸汽时代。事实上，早在1世纪，古希腊数学家亚历山大港的希罗·亚历山大（Hero of Alexandria，约10–70）便发明蒸汽机的雏形——汽转球（Aeolipile）。约在1681年，法国物理学家丹尼斯·帕平（Denis Papin，1647–1712）向英国皇家学会提交了第一份关于"帕平壶"的论文，这也是世界上第一只高压锅；帕平此后开始设计用蒸汽压力驱动的发动机。1690年，帕平发表了他实验研究蒸汽机的重要论文，并制造出一个汽缸、活塞装置，完成了蒸汽机的基本构造原理，这是世界上第一台蒸汽机的工作模型；与此同时，萨缪尔·莫兰（Samuel Morland，1625—1695）也提出了制造蒸汽机的想法。1698年，英国工程师托马斯·塞维利

图2 蒸汽机（詹姆斯·瓦特，1769年）

（Thomas Savery，约 1650—1715）根据丹尼斯·帕平的模型，发明制造出了一台应用于矿井抽水的蒸汽机，这是人类继自然力——人、畜、水、火、风之后，首次把蒸汽作为人造动力。出生于英国达特茅斯商人家庭的托马斯·纽科门（Newcomen Thomas，1664—1729）于 1705 年取得"冷凝进入活塞下部的蒸汽和把活塞与连杆连接以产生可变运动"的专利权，并于 1712 年制造出一台功率 5.5 马力的可实用气压式蒸汽机，史称"纽科门蒸汽机"，在欧洲使用了半个多世纪。詹姆斯·瓦特就是对托马斯·纽科门机器在进行研究的基础上进行了改进、完善，并于 1769 年发明了第一台改良蒸汽机。

作为第一次工业革命的重要标志，蒸汽机的发明使机器生产逐步取代手工劳动，从而进一步解放了生产力。大批量的机器生产使得设计的重要性更加凸显，从一定意义上来说，设计的好坏决定了产品质量的好坏。这也自然而然地影响到了人们的设计观念，一时间，新旧设计思潮的撞击风起云涌，各种风格、流派对设计方法与理论的探索层出不穷，开创了工业设计发展史上波澜壮阔的时代。工艺技术的进步，也使得产品形式和美的表现成为设计师追求的新目标。在 19 世纪初，大型的交通工具如蒸汽机（汽）车和机床、自行车、家具、服饰以及日常生活用品的一系列设计，都已出现既注重功能，又兼具形式美的作品。图 3 是乔治·史蒂芬森（George Stephenson，1781–1848）设计的世界上第一辆蒸汽机车。新材料、新工艺的出现，使这一时期的英、美、德、法等国家，在汽车、建筑、服装、首饰等方面的设计取得了很高的成就。

图3　蒸汽机车（乔治·史蒂芬森，1825 年）

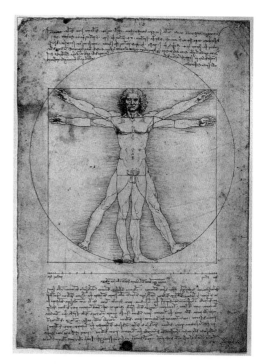

图 4　维特鲁威人的人体比例（达·芬奇，约 1490 年）

　　在这一时期，产品设计中人的因素也得到了重视，出现了人机工程学科。其实，早在 15 世纪，列奥纳多·达·芬奇（Leonardo di ser Piero da Vinci, 1452–1519）就意识到了人的生理尺度在设计中的作用，他绘制的维特鲁威人的人体比例（图 4），给出了人的四肢可达的极限。人机工程学起源于欧洲，后在美国得到快速发展，主要研究人、机与环境三者之间的相互作用和关系，以提升系统整体功效。其最突出的特点，是把人的因素作为产品设计中的重要参数，把人、机与环境统一考虑，为设计师在工业产品设计中解决人与机器及环境的关系问题提供科学的指导。由于人机工程学所研究的范围非常广泛，对产品设计的影响巨大，因此，世界各地的专家和学者都曾从各自的学科和领域角度出发，给它命名和下定义，如美国把它称为"工程心理学（Human Engineering Psychology）"，而日本则称之为"人机工学（人間工学に基づいた）"。目前国际上一般使用的是欧洲各国的命名"Ergonomics"，意为"工效学"。在我国，被大多数人普遍认可和较为通用的名称为"人机工程学（Human-Machine Engineering）"。与手工业时代相比，工业革命以后，艺术与科学有了更加紧密的结合，在产品的功能和艺术表现形式上也有了更为鲜明的、强烈的科学技术色彩。由此诞生了全新的机器美学和机器时代的艺术设计风格。

19世纪70年代至20世纪初，以电力的广泛应用和内燃机的发明为主要标志的第二次工业革命，使人类社会由蒸汽时代进入电气时代。一般认为，电力、煤炭和钢铁领域的科技发展是第二次工业革命兴起的诱因。自由资本主义从此开始向垄断资本主义即帝国主义过渡，资本主义体系也得以最终确立起来。

进入20世纪，人类经历的两次世界大战，对工业设计的发展进程产生了深远的影响。19世纪末20世纪初，亚洲、非洲、拉丁美洲殖民地和半殖民地基本上被列强瓜分完毕，新旧殖民主义矛盾激化，各帝国主义经济发展不平衡，为重新瓜分世界和争夺全球霸权，最终爆发了以1914年6月28日（塞尔维亚国庆日），奥匈帝国皇储费迪南大公（Archduke Franz Ferdinand of Austria，1863—1914）夫妇在萨拉热窝被塞尔维亚青年加夫里若·普林西普（Gavrilo Princip，1894—1918）枪杀为导火索，直到1918年11月德国宣布投降才结束的第一次世界大战。此后，因国家间经济、政治和军事的发展不平衡加剧，军事实力发展较快的德、意、日三国要求重新划分世界势力范围。从1939年9月1日至1945年9月2日，人类又经历了以德国、意大利、日本法西斯等轴心国（及保加利亚、匈牙利、罗马尼亚等国）为一方，以反法西斯同盟和全世界反法西斯力量为另一方进行的第二次世界大战。客观上，由于战争的需要，设计在武器、生产制造系统中的核心作用受到了充分的重视；科学技术，特别是在与战争密切相关的领域，得到了快速的发展；同时，人机工程理论与研究也取得了长足进展。

3. 后期——繁荣阶段（1955年后）

这一阶段以微电子、信息产品的工业设计为特征。

20世纪，人类社会进入了信息时代。信息技术和因特网的发展，在很大程度上改变了整个工业的格局，新兴的信息产业迅速崛起，逐渐取代钢铁、汽车、石油化工、机械等传统产业，成为知识经济时代的生力军。摩托罗拉、英特尔、微软、苹果、IBM、惠普、美国在线、亚马逊、谷歌和思科等IT业的巨头如日中天。以此为契机，工业设计的主要方向也开始了战略性的调整，由传统的工业产品转向以计算机为代表的高新技术产品和服务，在将高新技术商品化、人性化的过程中起到了极其重要的作用，并产生了许多经典的作品，开创了工业设计发展的新纪元。美国苹果电脑公司在这方面的成就最具代表性，成为信息时代工业设计的一面旗帜。

回顾历史，在工业设计这一学科的形成与发展过程中，科学技术至少起到了两方面的作用：一方面，为设计提供了更加广阔的应用空间；另一方面，也直接导致了新的设计运动和设计思潮的风起云涌。实践证明，科学技术一旦渗透到生产力的各个要素之中，就可以转化为直接的、现实的生产力；同样，科学技术与设计艺术相结合，也推动了设计方法、手段和观念的变化与发展。一部近代设计史，实际上就是一部科学技术与艺术相融合的历史。

为增强可读性，本书后续的章节，将按上述工业设计发展的三个阶段划分为上篇、中篇和下篇，章节采用编年体的记述方式。尽管这种划分法在一些流派的产生、发展，直至消逝的时段上有所重叠，但在时序上仍不失为一种较为清晰的工业设计史的表述方法。

二、工业设计发展的地域特征

从地域空间上看，工业设计经历了在欧洲发源，而后传播到美洲、亚洲，最后又回到欧洲的过程。英国是第一次工业革命和 19 世纪末工艺美术运动的发源地；法国和比利时是 19 世纪末 20 世纪初新艺术运动的中心；德国在两次世界大战期间是功能主义和现代主义萌发的摇篮；美国曾是战时、战后实用主义和商业化设计的温床；日本是二战后信息时代工业设计的代表；而意大利则可以被看作是后现代主义设计的典范。

一个很有趣的现象是，自 19 世纪末以来，近代工业设计的领先潮流从欧洲大陆的英、法、德、比、荷等国传播到美洲的美国，然后是亚洲的日本，到现在又回到了欧洲的意大利，在地域上形成了一个闭环。

当然，近年来我国工业设计学科的蓬勃发展，使我们有理由期待中国工业设计的崛起将会在不远将来的下一个循环中实现。

第三节　工业设计史上的风格与流派

在工业设计发展的历史长河中，代表各种风格和流派的组织曾百花齐放、各呈异彩。为方便理解，在这里，我们对"风格"及"流派"的概念加以简单的介绍。

1. 流派（Genre），是指以鲜明的格调、形式或内容为标志的艺术作品的一个类型，如在建筑设计、艺术设计、音乐或文学中流行的代表人物及其作品。

2. 风格（Style），是指一个时代、一个流派或一个人的文艺作品在思想内容和艺术形式方面所显示出的格调和气派，常指艺术作品在整体上所呈现出的、具有代表性的独特面貌。风格一词源于希腊语"στ"，本义指一个长度大于宽度的固定的直线体。在罗马作家特伦斯［Terence（Publius Terentius Afer），公元前 195 或 185– 公元前 159]和马库斯·西塞罗（Marcus Tullius Cicero，公元前 106– 公元前 43）的著作中，该词演化为书体、文体之意，表示以文字表达思想的某种特定方式。英语、法语中的"Style"、德语中的"Stil"以及荷兰语中的"Stijl"皆由此而来。

风格不同于一般的艺术特色或创作个性，它是通过艺术品表现出来的相对稳定和更为内在和深刻的特质，从而更为本质地反映出时代、民族或艺术家个人的思想观念、审美意识、精神气质等内在特性的外部印记。风格的形成是时代、民族或艺术家在艺术上超越了幼稚阶段，摆脱了各种模式化的束缚，从而趋向或达到了成熟的标志。

从古典主义到现代主义，从工艺美术运动到高技术风格，从商业化设计到绿色、人本、可持续和用户体验设计，不同的时代赋予了工业设计不同的内涵，形成了特色迥异的风格和流派（图 5，表 1），造就了一代代设计大师。徜徉在设计的历史长河中，你能体会到每一种风格、每一个流派的形成，都是对历史的一次超越，其创新创造的故事可歌可泣，需要我们用心去体会。

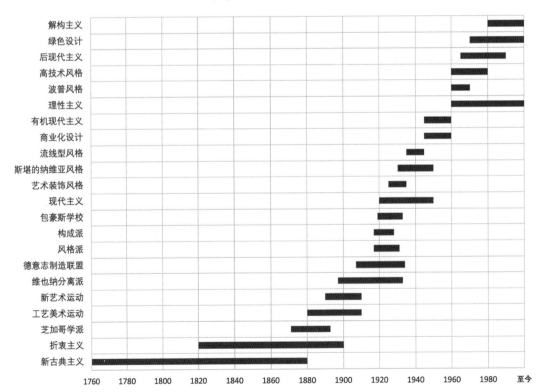

图 5 各流派活跃时段图

表 1 工业设计发展史上较有影响的流派或组织一览

设计流派或组织	主要活动地区	主要活动时间	代表人物
新古典主义	欧美各国	1760—1880	
折中主义	欧美各国	1820—1900	
芝加哥学派	美国	1871—1893	詹尼、沙利文、莱特
工艺美术运动	英国	1880—1910	莫里斯、阿比什
新艺术运动	欧洲各国	1890—1910	吉马德、高迪
维也纳分离派	奥地利	1897—1933	霍夫曼
德意志制造联盟	德国	1907—1934	穆特修斯、贝伦斯
风格派	荷兰	1917—1931	里特维尔德
构成派	苏联	1917—1928	塔特林、马来维奇
包豪斯学校	德国	1919—1933	格罗佩斯
现代主义	欧美各国	1920—1950	米斯、柯布西埃
艺术装饰风格	法国、比利时	1925—1935	
斯堪的纳维亚风格	斯堪的纳维亚	1930—1950	阿尔托
流线型风格	美国	1935—1945	罗维、盖茨
商业化设计	美国	1945—1960	厄尔
有机现代主义	美国、意大利、斯堪的纳维亚	1945—1960	沙里宁、尼佐里
理性主义	欧洲、美国、日本	1960—	
波普风格	英国	1960—1970	
高技术风格	欧洲、日本	1960—1980	
后现代主义	欧美各国	1965—1990	文丘里、索特萨斯
绿色设计	欧美各国	1970—	
解构主义	欧美各国	1980—	盖里、屈米

  限于篇幅，本章从时段划分、地域特征等方面简要回顾了工业设计发展的基本脉络，并对工业设计发展史上典型的风格与流派作了简单介绍。在后续的章节里，我们将结合科学技术和社会发展大背景这条主线，以时间顺序对工业设计发展史上的重大事件、重要流派、重要人物及其代表作品加以系统介绍。由于工业设计史演变的特殊性，一些流派与重要事件的发生、发展会在时间段上出现重叠，如某重要人物可能在不同时期参与多个重大事件等，这种情况下，我们会在其起突出作用的事件中重点叙述。

我们希望本书对于读者了解工业设计的发展脉络，以史为鉴，正确把握工业设计的未来，能起到积极的作用。

思考题

1. App 设计是否属于工业设计的范畴？试给出支持你的结论的理由。

2. 有人说设计就是拷贝（Copy），你赞成这样的观点吗？请说明你的理由。

3. 创新型设计中是否允许已有设计元素的存在？为什么？试给出你赞成或反对的`理由。

4. 如何看待经典设计？试分析某一经典设计作品形成的原因。

5. 什么是创新设计？试选定一个产品，并论述如何实现其设计上的创新。

6. 信息设计算是工业设计吗？试说明理由。

7. 试思考如何看待数字媒体设计（包括动画设计、虚拟现实、游戏设计等）？试辨析数字媒体设计与工业设计的关系。

8. 在工业设计的发展史上，出现过各种流派或组织。试上网搜索了解表 1 中列出的各种流派或组织，并对其做简要的介绍。

延伸阅读

1. 王受之，世界现代设计史（第 2 版），中国青年出版社，2015 年 12 月。

2. 何人可，工业设计史（第 5 版），高等教育出版社，2019 年 1 月。

3. ［美］唐纳德·诺曼（梅琼译），设计心理学，中信出版社，2010 年。

4. Galle P, Philosophy of Design: An Editorial Introduction, Design Studies, Vol.23, No.3, p.211—218, 2002.

5. Vilém F, The Shape of Things: A Philosophy of Design, London: Reaktion Books, 1999.

6. 丁玉兰，人机工程学（第 5 版），北京理工大学出版社，2017 年 5 月。

7. 李砚祖、王明旨主编，徐恒醇著，设计美学，清华大学出版社，2006 年。

8. 李泽厚，美学三书，商务印书馆，2006 年。

9. ［美］哈罗德·埃文斯（Harold Evans），美国创新史，中信出版社，2011 年。

上篇
工业设计孕育与探索阶段
（1850 年前）

设计的萌芽阶段，可以上溯到旧石器时代。磨制石器光滑的外表、对称的造型及锋刃的打制，体现了人类早期的审美追求和对实用功能的理解。将实用和审美结合起来，进而赋予设计物以物质和精神的双重意义，这种生产的目的性，正是设计最重要的特征之一。

世界上最早的文明，是由苏美尔人（Sumerian）在公元前 6000 年前建立的美索不达米亚文明（Me sopotamia Culture），史称两河流域文明，之后有克里特文明（Crete Culture）、古埃及文明（Egypt Culture）、哈拉巴文明（Harappa Culture）、黄河流域文明等，每个文明的发展都伴随着科学技术的进步。作为世界文明古国之一，中国古代的四大发明——造纸术、指南针、火药和活字印刷术，对世界文明史的发展有着巨大的影响。

从古人类石器工具的打制，到近代陶瓷、金属器物的制作，从美索不达米亚文明到欧洲的文艺复兴，科学技术的发展、物质文明的进步，处处闪烁着设计智慧的火花，漫长的人类文明发展历史，积淀形成了设计学科厚重的基础，孕育了设计学的一朵奇葩——工业设计。

第
一
章

CHAPTER 1
设计的萌芽

一部人类文明的发展史，就是人类为捍卫自身生存而与大自然抗争的历史。按照达尔文（Charles Robert Darwin，1809—1882）适者生存的理论，人类作为自然物种之一，其生存取决于适应自然环境的能力，这种"适应"也包括设计、制造有用的工具来保护自己的能力。可以说，设计的萌芽就是在满足人类最基本的生存需求的基础上产生的。

子曰："温故而知新，可以为师矣。"前事不忘，后事之师，了解设计的起源与分化，对于借鉴历史、启迪未来都有十分重要的意义。

第一节　设计的起源

人类设计意识的产生可以追溯到旧石器时代和新石器时代早期。古人类为了自身的生存与发展，不得不通过劳动来创造基本的生存条件。在漫长的劳动实践中，人的生理和心智状况逐步得以进化。石器的出现，标志着人类有目的、有意识的设计活动的萌发。从这个角度来看，设计的产生源于人类改善自身生存环境的基本需求。

石器时代是迄今为止人类历史上已知的最早的一个时代。打制石器是人类最早的造物活动，是以"有用性"为目的的。古人类自发地制作各种生存所需的器物，以有效抵御野兽的伤害和外族人的攻击，应对严酷的自然环境。器物的实用性得到了充分的重视。2015年美国纽约州立大学石溪分校的考古学家，在肯尼亚图尔卡纳湖（Lake Turkana）岸边发现了迄今最古老的石器，距今约330万年（图1）。专家相信石器工具上的独特纹路，是人类祖先琢磨时留下的。虽然这些石器显得有些粗糙，但是已足以表明古人类对石料特点有了基本的认识，并初步掌握了打制成形的方法。

图1　旧石器时期的石斧（肯尼亚图尔卡纳湖）

史学上也把石器时代划分为旧石器时代(约公元前300万—公元前12000)、中石器时代(约公元前12000—公元前9000)和新石器时代(约公元前9000—公元前5000)。

旧石器时代的造物孕育了古人类的设计意识和审美观念。他们最初只是通过石块之间的偶然碰撞来获得锋利的边缘,后来有意识地在石头的一边敲出或尖或扁的形状,以满足砍、砸、刮、削等实用的功能需求,石头大部分保留了原有的形状。到了中期,在日复一日的长期的打制石器的过程中,古人学会了利用硬物来打磨刀口,整修器物的轮廓,制作石器的器型逐渐变得规整、精细,造型也逐渐出现复杂多样的趋势。而到后期,经过数千年的演化,古人类逐渐掌握了锯、切、削、磨、钻孔等技术,能制作骨针、鱼叉、骨刀和骨铲等器物。动物骨头等硬物也被用作刻制工具以获得更加精细的、具有原始纹样的石器,特别是对钻孔技法的掌握,使器物不再局限于简单的打制。这不仅拓宽了造物的构成观念,也诱发了古人类原始审美意识的萌生。此时的打制石器开始出现实用性和审美并存的苗头。

中石器时代的特色是使用打制石器,也有用磨制石器或用燧石组合成的小型工具,以石片石器和细石器为代表工具,石器的器型呈现小型化的趋势。考古学家在某些地区也发现了中石器时期的捕鱼工具、石斧以及像独木舟和桨这样的木制物品。中石器时代古人类已经学会使用天然火来烤熟猎物。

新石器时代的特征,一是磨光石器的广泛使用,二是陶器的制作和使用,三是农业和家畜饲养业的出现。在这一时期,器具设计开始按照不同使用目的而扩展,古人把经过选择的石头打制成石斧、石铲、石刀等各种工具,并加以磨光钻孔穿绳等等。从斧头、铲子等农业工具,到凿、镞等手工用具以及网、钩等渔业工具,其制作都充分考虑到了实用性、便利性等因素,并且在其中一些器具上,美的元素也初露端倪。这些都显示了出古人类非凡的设计创造力。

将实用和审美观结合起来,是人类设计活动的一个基本特征。新石器时代对石器的磨制,凸显出古人类卓越的美感以及对美的形态的控制能力。古人类在制作石器时非常注重材料的选择,包括石材的硬度、形状、纹理等,如石刀成片状,故选择易于剥离的片页岩为原材料。值得一提的是,这些精致的片状石器并不仅仅是由于其易于剥离以及悦目性而被选择的,而是经过了千百年的使用验证,证明这样的选择是正确有效的。从大量考古发现的遗存石制器物来看,新石器时期的古人已经开始大规模有目的地挑选、塑造一定的形态工具,使之既能够适用于生产、生活的需要,又可以满足审美需求,达到一定的装饰效果,这体现了功能性与装饰性的统一。在某种意义上,古人类审美意识萌生的同时,也为设计的分化埋下了种子。

第二节　设计的分化

　　人类在精神上对美的追求是导致设计的初衷开始分化的根本原因。当基本的实用功能被满足后，人们开始有了更高的追求，如在工具的制作过程中加入美学元素，或直接制作用作装饰的器物等。特别是各种装饰性器物的出现，为原始艺术创造赋予了新的含义。从此，设计不再是单一的谋生工具的制作手段，更成为人类文明的一部分。事实上，新石器时代对石器进行磨制的目的，在某种程度上就是为了提升器物的装饰效果。新石器时代的器物虽然在审美形式上还不是很成熟，艺术气质还显得幼稚，但却显示出了古人对于精神生活的重视和对美的追求。

　　从功用上看，设计的分化可以归纳为两种类型，一类是对实用工具的美化设计，另一类是对纯粹装饰物的设计。

一、实用工具的美化

　　新石器时期的石制工具不仅在功能上越来越丰富，而且外形明显被加入了一定的造型意识和审美元素，加工变得精致，光滑匀称而规整的表面使得石器已经看不出石头原有的形貌。

　　图 2 是 1989 年在河南郏县水泉出土的新石器时期的农具——石镰，由片状条石磨制而成，器身呈弧形，背部圆钝，刃口处被加工成整齐细密的锯齿状，镰柄宽厚，末端上下两侧分别有尖状突起与凹口形结构。实际使用时，石镰需安装在木柄上，利用绳索等材料固定。末端的突起和凹口形设计，一方面有利于绑缚固定镰身，以增强石镰、木柄结合的稳定性，另一方面又有利于视觉上的平衡。其锐利的镰首与弧形的背部形成强烈的视觉对比，显得格外悦目。

二、装饰物的设计

　　新石器时期的人们已经开始懂得选择合适美观的石料，如玉石，作为装饰物，或者通过磨制收集到的骨头、牛角、海贝等，雕刻出各种纹样，进行原始艺术创作，美化各种工具，或者做成头饰、耳环等以便随身携带。例如，人们把一些磨制过的兽齿钻孔并串联在一起，制成完全装饰性的项链。除此以外，还出现了多种不同样式的环形装饰物（指腕环、手镯、臂钏等环形佩

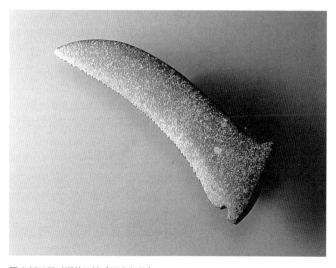

图 2 新石器时期的石镰（河南郏县）

图 3 新石器时期玉龙（红山文化）

带装饰用品），包括陶环饰、玉石环饰、骨蚌环饰等。

由于自然地理环境的差异，世界各地新石器时代的开始和结束的具体时间也有很大差别。中国大约在公元前 1 万年就已进入新石器时代。由于地域辽阔，新石器文化的面貌也有很大区别。距今约五六千年的红山文化遗址，出土的细石器工具发达，其中的刮削器、石刃、石镞等器物，小巧玲珑、工艺精湛。图 3 是于 1949 年在内蒙古自治区赤峰市翁牛特旗乌丹镇出土的红山文化 C 形黄玉龙，也被称为中华第一龙。可以看到，在新石器后期，器物的设计制作已呈现出摆脱功能性约束、作为独立艺术品类发展的趋势。

第三节　设计产生的必然性与分化的意义

设计的萌生源自于人类生存的本能，而设计的分化则是人类对美的追求的反映。古人类为了更好地生存，在长期与大自然的斗争中学会了工具的使用，完善了手与脑的合作关系，并且由最初直接从自然中获取工具到后来主动挑选、有意识地打制石器工具，以满足物质生活的需要和生存安全的需求。从下意识地使用到对石器工具有目的的打制，这客观上反映出了设计产生的必然性。

美国心理学家亚伯拉罕·马斯洛（Abraham Harold Maslow，1908—1970）在 1943 年提出的《人类激励理论》中指出，人类需求像阶梯一样从低到高分为五层，分别是生理需求（Physiological needs）、安全需求（Safety needs）、爱和归属感（Love and belonging，即社交需求）、尊重（Esteem）需求和自我实现（Self-actualization）需求。一旦基本的需求（生理、安全和社交）得到了满足，更高的需求也就会随之出现；当物质需求得到满足后，人们自然而然地开始追求精神上的满足。在这种前提下，设计的功用便由保障生存变成了使生活更加舒适和有意义，美的元素开始出现并逐渐得到强化，设计的分化也就随之产生了。

设计的分化极大地拓展了设计的应用范畴，超越了唯实用性对设计的束缚，造就了后世绚丽多姿、异彩纷呈的设计文化和艺术。从某种意义上说，也正是人们日益增长的对更美好的生活品质的追求，推动了设计的进步，逐渐从萌芽阶段走向手工艺设计阶段。

思考题

1. 旧石器时期的设计最主要的特征是什么？请举几个具有此特征的现代设计产品（不限具体的产品类型）。

2. 试举例说明中石器时代工具装饰的特点。

3. 试给出新石器时代装饰物设计的特点，并分析其美学价值。

4. 简述设计的起源与分化及其内在动因。

5. 有不少建筑的外立面采用原石凸凹板材装饰设计，以达到回归自然效果，试分析其美学寓意及设计理念。

6. 尝试将现代感与古代质朴艺术特质相融合设计一种产品。

延伸阅读

1. 李砚祖，张夫也，中外设计简史，中国青年出版社，2012 年。

2. 刘华东，韩颖，朱长征，中外设计史，湖南大学出版社，2013 年。

3. 裴文中，旧石器时代之艺术，商务印书馆，2015 年。

CHAPTER 2
中国古代科技与设计

作为世界文明的发源地之一，中国人的祖先创造出了灿烂的中华文明。从170万年前的元谋人、50万年前的蓝田人开始，中国逐渐发展形成了仰韶文化（公元前5000—公元前3000）、河姆渡文化（公元前5000—公元前3300）、屈家岭文化（公元前2550—公元前2195）等。考古史料表明，每一时代的器物都直接反映着当时的人类对自然的认知和该时代的科技水平。特别值得一提的是，作为科学与技术的结晶，中国古代四大发明伴随着中华文明传播到了世界各地，对人类文明的进步做出了巨大贡献。

第一节　中国古代四大发明

一、造纸术

在古代，人们用各种材料来记录文字和图形，例如古印度人用的棕榈树叶、古埃及人用的莎草纸、古中国人用的龟甲等。这些材料或易损坏，或成本太高，使用都很不方便。

中国是世界上最早养蚕织丝的国家。汉族劳动人民以上等蚕茧抽丝织绸，剩下的恶茧、病茧等则用漂絮法制取丝绵。漂絮完毕，篾席上会遗留一些残絮。当漂絮的次数多了，篾席上的残絮便积成一层纤维薄片，经晾干之后剥离下来，获得可用于书写的纤维物质，这便是纸张的原型。这种漂絮的副产物数量不多，在古代称它为赫蹏（hè tí）或方絮，表明了中国汉族造纸术的起源同丝絮有着渊源关系。

东汉（25—220）元兴元年（105年）的蔡伦（61—121）是正式意义上的造纸术的发明家。他总结了前人的经验，发明了以树皮、麻头及敝布、破渔网等为原料，经过搓、捣、抄、烘等工序来造纸的工艺，大致可分为下列四个步骤。

1. 原料的分离。就是用沤浸或蒸煮的方法，让原料在碱液中脱胶，并分散成纤维状。

2. 打浆。用切割和锤捣的方法，切断纤维，并使纤维帚化，进而成为纸浆。

3. 抄造。即把纸浆渗水制成浆液，然后用捞纸器（篾席）捞浆，使纸浆在捞纸器上交织成薄片状的沉淀，是为湿纸。

4. 干燥。即把湿纸晒干或晾干，揭下就成为了纸张。

这种造纸工艺，原料既容易找到又很便宜，不仅使纸张的产量大增，同时也使纸张光滑柔软而又有韧性、不易起皱，质量大大提高，逐渐得到了普遍使用。为纪念蔡伦的功绩，后人把这种纸叫作"蔡侯纸"。汉代（公元前202—220）以后，虽然造纸工艺不断完善和成熟，但这四个步骤基本上没有变化。直到现代，湿法造纸的生产工艺与中国古代造纸法仍没有根本区别。

造纸术的发明，对华夏文化的传播以及中国的绘画、书法艺术及印刷等行业的发展起到了极大的推进作用，使古人的设计智慧得以记载和流传。

二、印刷术

印刷术是中国古代劳动人民长期实践、不断完善发展的产物。最初，人们在金石、甲骨等材料上靠刀刻来记录文字，尽管后来也出现了摹印、碑石拓印法和雕版印刷，但是工作效率都十分低下。

活字印刷术的发明是印刷史上一次伟大的技术革命。北宋庆历年间（1041—1048），毕昇（又作毕晟，约970—1051）在总结前人成果的基础上，发明了活字印刷术，这比德国人约翰内斯·古腾堡（Johannes Gensfleisch zur Laden zum Gutenberg，约1400—1468）的活字印刷术早约400年。这一胶泥活字法在沈括（1031—1095）的《梦溪笔谈》中是这样记载的：先用胶泥制作好许多单字（字呈反体凸起状），再用火烧硬，用木格子将其排列成版式；通过融化混合药剂后，将压平的字体嵌入到药剂中形成平整的版型；将版片上墨后，就可以印刷了。这种方法解决了雕版不可以更改单字的缺点，可随时拆版和组合。此外，这些活字也便于存放和修改，极大地提高了批量印刷的工作效率，奠定了现代印刷的基础。

事实上，用活字进行拓印的思想很早就有了。秦始皇（公元前259—公元前210）统一全国度量衡时，在陶器上用木戳印40字的诏书，考古学家认为，"这是中国活字印刷的开始，不过它虽已发明，却未能广泛应用。"此外，古代的印章对活字印刷术的发明也有一定的启示作用。

毕昇发明的活泥字，是活字印刷的开端。之后又出现了木活字、锡活字、铜活字、铅活字等。其中木活字对后世影响较大，仅次于雕版。朝鲜古代曾有过铁活字，现代铅合金活字是德国人约翰内斯·古腾堡于15世纪50年代所创制。

2010年11月15日，"活字印刷术"被联合国教科文组织列入"急需保护的非物质文化遗产名录"。应该说，印刷术本身就是一个古代设计成功的范例。

三、火药

中国人1000多年前发明的火药源自古人对炼丹、制药的不断尝试。火药是硫黄、木炭、硝石等以适当比例混合而成的混合物，为了合理而安全地使用火药，人们进行了各种尝试。其中，唐初名医孙思邈（581—682）的"伏硫磺法"最为有效。他在"丹经内伏硫磺法"中如此描述：选用硝石、硫磺各二两，磨成粉末后放在砂锅里；将锅放在地坑中与地齐平，四周用泥土填实；将三个皂角逐个点燃放入，以燃烧硝石和硫磺的混合物；待火焰消去之后再混入少量木炭来炒，一直炒到木炭消去三分之一；最后将它退火，得到的混合物即为火药，这也是现代黑色或褐色火药的原型。该法对火药的使用和存储起到了至关重要的作用，为后世各系列火药配方的研发奠定了基础。

炼丹术士对于硫磺、砒霜等具有猛毒的金石药，在使用之前，常用烧灼的办法"伏"一下。"伏"是降伏的意思，使毒性失去或减低的做法古称"伏火"。伏火的方子通常都含有碳元素，利用了碳的活性。而且伏硫磺要加硝石，伏硝石要加硫磺，这说明炼丹术士有意要使药物引起燃烧，以去掉它们的猛毒。

火药的科学配方在发明后迅速由医学领域转入到军事用途。史料表明，唐哀帝时（10世纪）就有用火药攻城、"发机飞火"的最早记载。后来，火药逐渐被应用在火枪（炮）、毒药烟球等各种武器上，形成了各式各样的火器。火药兵器在战场上的出现，预示着军事史上将发生一系列的变革，从使用冷兵器阶段向使用火器阶段过渡。而火药向西方的传播，也加速了各种现代武器的诞生，其中，不少已成为兵器史上设计的经典。

四、指南针

指南针又称指北针，是利用地球磁力线的南北指向性而制成的机械装置，用以帮助人们确定方向。

早在春秋战国时期（公元前770—公元前221），中国人就已经发现了磁铁的这种指向性，并利用这一原理制成了被称作"司南"的器物（图1）。东汉时期王充（公元27—约公元97）的《论衡》记载了它的制作工艺："司南之杓，投之于地，其柢指南。"其中的"杓"是指勺子；这里的"地"是指古代械盘中的"地盘"，四周刻有24个方位，中心刻有象征北斗七星的标志。后来，古人陆续设计出了指南鱼、罗盘、水罗盘、旱罗盘、指南龟、指南车等各种形式。北宋（960—1127）沈括在《梦溪笔谈》中记载："方家以磁石磨针锋，则能指南，然常微偏东，不全南也（卷24）。"这种形制易流行且简单，磁化效果也相当好，特别是它对指向器形制的改进产生了另一个突破——针状，极大地提高了指向精度。指南针的发明与改进，是技术与设计完美结合的又一例证。

到12世纪左右，指南针经由印度、阿拉伯传及欧洲，被应用在了航海上，成了全天候的导航工具，弥补了天文导航、地文导航之不足，开创了人类航海史的新纪元，迅速推动了西方航海事业的发展。从某种意义上说，罗盘的发明激发了欧洲人地理大发现的热潮，引发了资本主义在全世界的原始积累。

图1　司南（复制品）

第二节　中国古代技术典籍

中华文明上下五千年，源远流长，其间经历了无数的跌宕与辉煌。春秋战国、两汉（约公元前 202—220）与宋元时期（960—1368）是中国古代经济、科技与文化发展的三个鼎盛时期。作为当时科学技术成果的总结，《考工记》《营造法式》和《天工开物》等几部重要的技术典籍就是在那时产生的，记述了当时领先的相关器物的设计和制作工艺。

一、《考工记》

作为中国先秦时期的齐国官书，《考工记》是目前发现的中国工艺史上最早的专著。《考工记》又称《周礼·考工记》，全书共 7100 余字，记述了先秦时期（公元前 21 世纪—公元前 221）官工（官府手工业）在兵器、礼器、制车、练染、建筑等领域的设计与工艺规范，包括木工、金工、皮革、染色、刮磨、陶瓷等 6 大类 30 个工种，反映着当时中国所达到的科技及工艺水平。此外，《考工记》也包含有当时社会在数学、地理学、力学、声学、冶金、建筑学等多方面的知识和经验总结。虽然《考工记》所记载的都是官工，但它对民间手工业也持肯定态度，这与作者认为"工"是"知者创物"的见解相一致，也符合春秋时期社会变革的潮流。

值得一提的是，《考工记》中记载了六种器物的不同含锡量，称之为"六齐"，包括钟鼎之齐、斧斤之齐、戈戟之齐、大刃之齐、削杀矢之齐、鉴燧之齐，表现出古代中国人在合金材料科学配比方面已具有很高的造诣。实践证明，含锡达到 25% 以上的器物脆弱且不耐用，如果达到 50% 则稍碰即碎。

《考工记》在中国科技史、工艺美术史和文化史上都占有重要地位，在当时的世界上也是独一无二的。该书中所记载的一些器物的设计与制作智慧对后世影响深远，至今读来仍有启迪。

二、《营造法式》

《营造法式》是中国北宋神宗时期（1068—1085），宋朝（960—1279）官方主持制订的建筑规范和技术典籍，从建筑设计、结构、施工等方面反映了中国当时的建筑技术成就和文化内涵，具有很高的学术价值。从梁思成到陈明达，后世的许多学者都对该书进行过深入的研究，并给出了高度评价。

北宋宋神宗命李诫（1035—1110）编撰了该书。李诫以两浙工匠喻皓的《木经》一书为蓝本，收集大量工匠讲述的各工种操作规程、技术要领及各种建筑物构件的形制、制作方法，最终编撰成流传至今的这本《营造法式》。全书共分 34 卷，357 篇，3555 条，分为 5 个部分：释名、各作制度、功限、料例和图样。前面还有"看样"和目录各 1 卷。《营造法式》于崇宁二年（1103年）刊行全国。

《营造法式》总结了前人的许多建筑结构设计与营造的经验，确立了"以材为祖，材分八等"的营造规制，具有以下特点。

1. 模数思想的制定和运用。它提出了材料的模数制的概念，制订了以"材""栔（qì）""分"作为建筑度量衡的标准。

2. 灵活性。各种形制虽都有严格规定，但并没有限制建筑的群组布局和尺度控制，可"随宜加减"，灵活运用。

3. 符合施工传统和工匠制作经验。"总例"中列举了常用的圆、方、六棱、八棱等形体的径、周长和斜长的比例数字，以便施工时参考。

4. 装饰与结构的统一。其中石作、砖作、小木作、彩画等都有详细的说明和图样，明显地体现出宋代建筑在艺术形象和雕刻装饰等制作工艺方面比唐朝建筑更精致、更全面。使构件本身兼有受力和装饰效果，是我国古代木构架建筑的特征之一，也是中国建筑文化对人类文明的重要贡献。

5. 建筑生产管理的科学性。全书用 13 卷的篇幅来叙述功限（劳动定额）和料例（材料消耗定额和质量标准），对各种材料的消耗都有精确的定额，能有效地杜绝土木工程建设中的贪污浪费现象。

《营造法式》的现代意义在于它揭示了北宋统治者的宫殿、寺庙、官署、府第等木构建筑所使用的建造方法，补全了中国古代建筑发展史上的重要环节。同时，书中所体现的实用与美学统一的思想，对现代设计依然有重要的参考价值。

三、《天工开物》

《天工开物》是明朝（1368—1644）学者宋应星（1587—1661）编撰的著作，书名源自"天工人其代之"及"开物成务"的朴素唯物主义自然观。宋应星是明万历四十三年科举进士，他潜心研究农业、手工业等自然科学多年，著述颇多。

《天工开物》分上、中、下三卷，共 18 篇。全书依农业、工业、手工业的次序编排，体现出了与当时士大夫阶层轻视农业和生产完全不同的实学精神。其中，上卷记载了多种粮食作物、衣服原料的生产与加工工艺，中卷主要是各种砖瓦、金属铸造与机械结构的设计与制作，下卷涉及了金属冶炼、颜料、酒的生产及珠宝加工。具体包括《乃粒》（谷物）、《乃服》（纺织）、《彰施》（染色）、《粹精》（谷物加工）、《作咸》（制盐）、《甘嗜》（食糖）、《膏液》（食油）、《陶埏》（陶瓷）、《冶铸》、《舟车》、《锤锻》、《燔石》（煤石烧制）、《杀青》（造纸）、《五金》、《佳兵》（兵器）、《丹青》（矿物颜料）、《曲蘖（niè）》（酒曲）和《珠玉》等篇。

《天工开物》是世界上第一部关于农业和手工业生产的综合性著作，也是中国古代一部综合性的科学技术典籍。书中记载的许多技术，如采煤过程中的巷道支护设计、瓦斯排放等技术，都比同时期国外的技术要先进得多。

《天工开物》后被翻译成各种文字，在世界各地广为流传，被国外学者誉为"中国17世纪的工艺百科全书"。

第三节　古代中国工艺设计

一、远古陶艺

远古人类用泥土捏制成各种形状，仅是"物理作用"；氏族社会后，古人逐渐学会用火烧烤泥土来制作坚硬的陶器，此为"化学作用"。陶器的发明是人类最早利用化学变化来改变物质天然性质的开端。古代中国的陶艺，是原始艺术和科技的完美结合，其功能多样、造型奇巧、纹饰精美，极具艺术价值。

我国迄今发现的最早的陶器，来自河北武安的磁山文化（公元前6000—公元前5600），器皿多采用当地材料，由手工捏制，壁厚均匀、器形不规则，烧制时氧化不充分，物理性能和化学性能也都欠佳。图2是出土的磁山文化细口陶瓶；其后的大汶口文化（公元前4300—公元前2500）的陶器则通过使用陶轮、快轮技术，制得的陶体薄如蛋壳，造型丰富多彩、挺拔美观（图3）。

古人在陶器制作中已开始意识到人机工程学和结构设计的影响。例如，陶器沿口边缘的折形处理，就考虑到了如何让人拿取方便，在结构上控制陶器的变形，在形式上增强细节感；而尖底瓶的设计则是为了方便人们取水。在易加热、易搬运、易单手拿、易汲水等实用需求被满足后，古人通过辅以耳、流、足等不同的

图2　细口陶瓶（磁山文化）

图3　彩陶瓶（大汶口文化）

配件，以提升器物的装饰美和使用方便性，这些都充分反映了古人的设计智慧。

彩陶堪称古代陶艺的典范。到了新石器时代，古人已掌握了用赤铁矿、氧化锰等矿物质元素在陶器表面绘制图形，形成黑、红、褐、棕、黄等各种色彩，制成具有热烈、优美、明快外观的彩陶。我国的彩陶艺术以仰韶文化（公元前 5000—公元前 3000）著称，河南、陕西一带是彩陶出土最多、品类最丰富的地区。彩陶表面的装饰处理，反映出当时渔业、狩猎活动的普遍性（图 4）；各种符号配合着材质和肌理，表现出人类的天真质朴以及与自然的亲密关系；色彩丰富，线条精美流畅，构图生动，富有生命力和艺术性。在新石器时代后期，随着宗教仪式和文化的发展，陶绘艺术有了长足的发展，增加了云雷纹、兽面纹、龙凤纹等，形成了丰富多彩的、不同的设计手法和风格。

二、青铜器

中国古代的青铜器物大气宏伟、纹饰繁复、工艺精良，在世界青铜艺术作品中独树一帜。中国青铜器制作大约从公元前 21 世纪开始，历经夏、商、周至秦、汉等历史时期，风格多样，为后世装饰艺术的发展积累了丰富的文化和设计基础。

青铜是铜与锡、镍、磷等元素的合金，物理性能独特。青铜器包括食器、酒器、水器、乐器、兵器和礼器等六大类，主要用于宗庙等祭祀的场合，象征着权力和地位，记录着朝代的功德和辉煌。

在形制上，青铜器除了有特别的铭文外，还有设计精美的花纹、各种象征意义的饰样，如龙纹、兽面纹、凤鸟纹、波曲纹、鳞纹等；有浮雕和平雕，或委婉或伸展，烘托了礼器的庄严、浑厚和质朴，让祭祀充满着神秘感。图 5 是 1938 年出土于湖南宁乡县黄材月山铺转耳仑的山腰上的四羊方尊，收藏于中国国家博物馆，是中国现存商代青铜方尊中最大的一件。其每边边

图 4 鱼饰纹彩陶碗（仰韶文化）

图 5　四羊方尊（商）

长 52.4 厘米，高 58.3 厘米，重 34.5 公斤；长颈，高圈足，颈部高耸，四边上装饰有蕉叶纹、三角夔（kuí）纹和兽面纹，尊的中部是器的重心所在，尊四角各塑一羊，肩部四角是 4 个卷角羊头，羊头与羊颈伸出于器外，羊身与羊腿附着于尊腹部及圈足上。同时，方尊肩饰高浮雕蛇身而有爪的龙纹，尊四面正中即两羊比邻处，各一双角龙首探出器表，从方尊每边右肩蜿蜒于前居的中间。整个器物用块范法浇铸，一气呵成，鬼斧神工，显示了高超的铸造水平，被史学界称为"臻于极致的青铜典范"，是十大传世国宝之一。西汉的错金云纹青铜博山炉（图 6），造型奇特，呈三角状，盖子上的山峦精雕细刻，还可隐约看到猎人和野兽出没。这种香炉的出现，也印证了青铜器自秦汉起开始从礼器向日常生活用品转化的史实。

青铜器的铸造分为块范法、失蜡法和浑铸法。商周时期多采用块范法（或称土范法），铸造时先用模型完成物体的造型，再用泥土附在形体之外形成外范，将外范切割成模块，得到"模具"，这些模块组合后就能得到用以浇铸出酒杯、器皿等物件的模具了。中国国家博物馆收藏的四羊方尊和龙虎尊（图 7）都是块范法铸造的典范。龙虎尊出土于安徽阜南县，体形高大，口沿广阔，鼓腹，高圈足，高 50 厘米，口径 45 厘米，重约 20 公斤；铸工极精，整体形成三层花纹；肩部以圆雕和浮雕相结合，塑造出三条生动的蟠龙形象；腹部以三道扉棱为界，分隔三组相同纹饰，皆双虎食人之状；圈足平雕饕餮纹饰，饕餮纹也称兽面纹。龙虎樽的铸造工序十分复杂，是用十八块母范经两次焊接而成的，细节饰纹纤毫可见，塑之浑然一体，毫无痕迹。可见，当时的冶金、铸造技术水平已达空前的高度，其形制、雕刻工艺在当前亦举世无双。迄今为止，龙虎尊在我国出土文物中堪称独一无二、弥足珍贵、价值连城，被视为宝中之宝。

战国后期出现的失蜡法则是铸造技术上的一个重大突破，以致到现在很多精细物体的铸造

图6 错金云纹青铜博山炉（西汉）

图7 龙虎尊（商）

仍在延续此方法。失蜡法主要以蜡作为制范的原料，再在蜡模外浇上一层泥壳，等其硬化后烘烤，将蜡熔出，得到精密光滑的模具腔体。此法简便易用，尤长于精细纹饰的表现，战国以后，青铜器上复杂的纹理、精密的勾线等大都是以此法制成的，铸造技术的进步大大提升了器物的艺术表现力，也使得青铜模具在设计上更加注重细节的展现。

图8　原始青瓷弦纹罐（商）

浑铸法通常一次浇铸成形，又分分铸法和叠铸法。前者适用于过大或形状过于复杂的器物，后者多用于铸造钱币等小型器物。浑铸法出现于春秋时期，到汉代时逐渐广泛流行。

由于兼具维护等级制度的礼器和政权的象征的多重特征，青铜器也被视为研究古人信仰、科技与设计、生活及习俗等的"史书"。

三、陶瓷

中国最早的瓷器，是于1980年在山西夏县东下冯遗址出土的原始青瓷，距今约4200年，属龙山文化晚期，器形有罐和钵，历经西周、春秋、战国、汉代，是从陶向瓷过渡时期的产物（图8）。真正现代意义上的瓷器的出现则是在东汉时期，后经历代发展，形成了灿烂的中国陶瓷文化，以其高超的制作工艺、丰富的人文内涵和令人惊叹的艺术设计成就为世人叹服，在世界上久负盛名。英文中China就含有陶瓷的意思。

1. 唐三彩

唐朝（618—907）是中国封建社会的鼎盛时期之一，商贸经济发达，社会稳定，文化艺术也是百花齐放。唐朝贞观之治（627—649）之后，贵族官员生活日益腐化，生前死后都极尽奢华，厚殓之风日盛。唐三彩就是在这一时期作为陪葬的一种冥器出现的。

唐三彩是中国陶瓷领域的一朵奇葩，是唐代杰出的工艺美术精华。它造型饱满健硕，釉彩手法多样，运用釉色与色彩的变幻形成了富丽堂皇、自然流动、斑驳淋漓的艺术效果，反映了大唐盛世的繁荣、开明和大气的文化。唐三彩以黄、褐、绿为基本釉色，是一种低温铅釉的彩釉陶器；以陕西、河南附近的白色黏土为胎体，在釉彩中加入不同配比的金属氧化物，经低温焙烧形成赭黄、浅绿、深绿、褐红等各种色彩。涂抹的各种釉彩在焙烧时互相渗透，发生化学反应后得到色调流畅、花纹自然、线条充满想象力的作品，在浓淡间显示出富贵高雅的气质。唐朝之前的陶瓷使用的釉彩一般不超过三个，故在陶瓷发展史上，人们视这种三色釉彩为一种里程碑式的标志——唐三彩也由此得名。

唐朝与西域（今阿拉伯地区）文化交流频繁，唐三彩吸取了当时许多西域建筑、绘画、雕塑等的艺术元素，故色彩斑斓、光彩夺目，线条粗犷有力，充满了张扬气质。其设计内容丰富，包含了多种生活用具，人物造型从彬彬有礼的文官、勇猛英俊的武士、体态丰满的妇女，到衣着华丽的胡俑，栩栩如生，极富生活气息。如三彩骆驼载乐俑（图9），骆驼昂首直立于平座上，其颈部编有长毛，驼架上铺有绿、白、红、蓝、黄相间的条纹长毡；双峰驼载有三个胡人两个汉人，各持西域乐器；胡人身着长袍、深目高鼻、眼神专注。作品形象设计自然生动，色彩交相辉映，是沙漠"丝绸之路"的真实写照，反映出大唐文化的盛景。

2. 宋瓷

宋朝（960—1279）上承五代十国（907—960），下启元朝（1206—1368），是中国历史上经济与文化教育的鼎盛时期，也是中国的瓷器艺术臻于成熟的时代。宋瓷一般以单色釉著称，胎体较薄，釉层较厚，但也有各种彩釉。其质地细腻、线型优雅，方便而实用的功能，处处显示出宋人对于生活品位的追求，体现出清新、淡雅、莹润、秀巧、内敛的气质。

宋瓷的成功，得益于烧窑技术的突破。在长期的实践中，工匠们对南方的龙窑和北方的馒头窑进行了改进，既节约了燃料，又提升了瓷器的品质。宋朝既有举世闻名的钧、汝、官、哥、定五大名窑，又有龙泉窑、磁州窑、耀州窑等特色各异的民间地方窑口。宋瓷以器形典雅、釉色纯净、图案清秀独树一帜，无论是质量还是品种，都堪称我国古代陶瓷的代表和典范。宋朝也被西方学者誉为"中国绘画和陶瓷的伟大时期"。

宋瓷发展了色釉、烧制技术等各种制作工艺，其装饰手法则采用了刻花、绣花、雕花、堆花、釉里红、釉里青等，获得了各种奇异的效果。例如，北方定窑的划花、印花白瓷，采用偏刀特征，结合水纹效果，形成精致而淡雅的品位；南方龙泉窑的"粉青"和"梅子青"的做法，则让青瓷有了类玉似冰的效果；而对于景德镇的青瓷，人们甚至用"青如天、明如镜、薄如纸、声如磬"来形容它。再如磁州窑的白地黑花花卉纹罐（图10），作品表现花朵时，将白色和黑色互相转换，对比鲜明，形成简单而丰富的视觉效果，构图生动，格调质朴典雅，富有生活情趣，令人爱不释手；青白瓷童子抱荷枕（图11），天真的童子头斜枕卧于榻上，脸向左侧，神态配合富有宋代特色的服装和卧榻四周蟠龙、熏云等饰物，显得精致细腻。

在瓷器造型方面，龙泉窑的产品也是特点鲜明。其瓷器釉色纯粹而温润，装饰上很少有刻花和划花，只是采用适当的浮雕、图案等作为装点。如龙泉窑的粉青凤耳瓶（图12），形制上极具稳定感，其梅子青的釉色与器物本身的色泽互相和谐，专心致志地表达单一色调的美感，去除了开片技术手法，显示出独特的艺术品位，是历史上青釉烧制的极品。

这些陶瓷制品都显示出宋代匠人集设计造型、材料、装饰、艺术于一体的高超的创造能力，对后世瓷器的设计与制作有着深远的影响。

图 9　三彩骆驼载乐俑（唐）

图 10　白底黑花花卉纹罐（宋磁州窑）

图 11　童子抱荷枕（宋青白瓷）

图 12　梅子青凤耳瓶（南宋龙泉窑）

3. 明瓷

明朝（1368—1644）的瓷器，继承了宋元艺术和技术的精华，其规模和品质大大超越前代。特别是明青花瓷，从早期元朝遗风下的色泽艳丽、中期的清淡偏灰，到晚期的蓝中现紫，逐渐形成了自己的风格，成就了明青花瓷在中国陶瓷发展史上重要的历史地位。

当时，明瓷作为重要的贸易物品被运往海外，同时也带回了烧制瓷器所需的一种特殊配料——苏泥勃青料，以及其他含有钴、铁、锰等元素的进口矿物质。青花瓷配合了本土和海外材料，采用新型烧制方式，制成的瓷器显示出或金属感，或蓝中泛绿的效果；它以胎质洁白的底色和青花温润的釉彩搭配，白釉泛青、釉质莹润，加上风格鲜明的纹饰，显现了与众不同的幽雅效果。如景德镇窑青花云凤纹高足杯，展现了清新而优雅的潇洒，体现了当时社会极高的审美水准；明青花一束莲纹盘（图13），浅腹，砂底，该盘青花色泽浓艳，局部可见"铁锈疤"，釉面肥润莹澈，充分体现明永、宣时期"进口料"青花瓷器的特点；青花海水白龙纹扁瓶（图14），瓷质洁白细腻，色彩浓郁沉静，色釉融合自然，纹饰生动挥洒，布局疏密有致。

在明瓷表现技法上，前人使用的印花、划花等方法逐渐变少了。但随着对釉料特质的掌握，人们创造了"斗彩""新彩"和"五彩"等新品种。各种彩绘、彩釉瓷大量涌现，彻底改变了明以前以单色釉为主的局面。

在审美上，明瓷改变了元瓷繁、密、满的特点，趋向疏朗，绘画技巧趋于成熟。明瓷的设计风格在当时士大夫情趣的影响下，一切从简，主次更分明，于细微处见真章，形成了精到考究、古雅隽秀、含蓄清新的独特气质，是我国瓷器史上的鼎盛时期。

图 13　青花一束莲纹盘（明）

图 14　青花海水白龙纹扁瓶（明）

四、明式家具

中国明式家具在世界家具领域具有很强的影响力，是中国乃至世界家具史上的一个巅峰。明式家具按功能可分为六类：坐卧、桌案、床榻、皮具、台架和屏风等类，其黄金时期主要是从明代嘉靖、万历到清代康熙、雍正这200多年的时间。

明万历年间（1573—1620）的《鲁班经匠家镜》，记载了52则条款和图式，对家具制作中的选料、配料、木加工、打磨、生漆等工序作了详细描述。材料大多选用南方产木材，人们往往通过坚硬的质地和漂亮的纹理，来体现家具素雅、利落的气质。很多贵重木材，例如紫檀、楠木、胡桃木、花梨、榆木、红木等都在人们选择范围中。其中，黄花梨是明式家具的首选材料，它充满光润又有浅色纹理，富有淡淡香气又体现高贵气质，深得文人雅士的青睐。图15为明黄花梨二连屉闷户橱案。

图15　黄花梨二连屉闷户橱案（明）

在结构上，家具的楔榫构件有闷榫、毕榫、夹头榫、格角榫等很多种选择。这些榫卯的使用非常精到，合乎法度，配合着家具的种种构件（如搭脑、屉盘、牙条、牙头等）。花梨四出头官帽椅（图16）是明代家具的代表作之一，它在结构上依靠榫卯进行锁合，通过牙头、角条等合理的部件衔接，形成力学上的平衡感，加强了接合点的刚度，固定了整体框架；其质地硬朗的表面外加生漆处理，多达十几个环节，以获得光泽透亮的质感；其整体上简约大方、意味隽永。

中国古代不乏记载器物制造的典籍，其中《长物志》是由明文震亨（1585—1645）所著的记述园林、器物建造技法的书籍，成书于崇祯七年（1621年）。全书共十二卷，分别为：

图16　紫檀南官帽椅（明）

室庐、花木、水石、禽鱼、书画、几榻、器具、衣饰、舟车、位置、蔬果、香茗。按现代学科划分，其内容涉及建筑、动物、植物、矿物、艺术、园艺、历史、造园、家具等方面。在明代书画家沈春泽为该书作的序中可以看到明式家具的设计风格，"几榻有度，器具有式，位置有定，贵其精而便，简而裁，巧而自然也"，潇洒偶倪的气质尽蕴其中。

明式家具充分表现出了当时文人墨客对于家具的独特品位："简"（造型洗练）、"厚"（形象浑厚、端庄）、"精"（做工精巧、曲直严谨准确）、"雅"（风格典雅、艺术价值高），在制作上达成了艺术与技术的高度统一，其蕴奢华于简洁的装饰手法广为后世设计师所借鉴。

第四节　中国古代建筑设计

中国古代建筑具有悠久的历史和光辉的成就，是厚重的中国文化里浓墨重彩的一笔。中国古建筑体系形成于汉代，成熟于唐代，转变于宋代。

一、从萌芽到雏形阶段

早在 50 万年前的旧石器时代，中国原始人就已经知道利用天然的洞穴作为栖身之所，约在距今 6000—7000 年前，古代人中国就开始使用榫卯构筑木架房屋了，如浙江余姚河姆渡遗址、黄河流域、西安半坡遗址等，已初现建筑的萌芽。经夏、商、周三代，至春秋、战国，夯土技术已被广泛使用于筑建都邑。公元前 221 年，秦始皇吞并了韩、赵、魏、楚、燕、齐六国之后，建立起中央集权的秦帝国，并在咸阳修筑都城、宫殿、陵墓，著名的遗迹有秦长城（图 17）、兵马俑（图 18）。汉代继秦后，又进入大规模建筑营造时期，汉武帝刘彻先后五次修筑长城，又兴建了长安城、未央宫（图 19）、建章宫、上林苑等诸多的礼制建筑。东汉光武帝刘秀依东周都城故址营建了洛阳城及其宫殿。

秦、汉五百年间，国家统一，国力富强，中国古建筑出现了第一次发展高潮。其结构主体的木构架已趋于成熟，重要建筑物上普遍使用斗栱；屋顶形式多样化，庑殿、歇山、悬山、攒尖、囤顶均已出现；制砖及砖石结构和拱券结构有了新的发展。至此，中国古代建筑体系已初具雏形。

之后的两晋、南北朝是中国历史上一次民族大融合时期，东汉时传入中国的佛教开始兴盛，寺塔建筑盛行。据记载，北魏建有佛寺三万多所，南朝都城建康（今南京）也建有佛寺五百多所。不少地区还开凿石窟寺，雕造佛像，如大同云冈石窟（图 20）、敦煌莫高窟、天水麦积山石窟（图 21）、洛阳龙门石窟等。这一时期的中国建筑，融进了许多传自印度（天竺）、西亚的建筑形制与风格。

图17 长城（秦）

图18 兵马俑（秦）

图 19　未央宫（复原图，汉）

图 21　麦积山石窟（北魏）

图 20　云冈石窟（北魏）

二、发展与成熟阶段

　　隋、唐时期的建筑，集前代成就与外来风格之大成，形成了独立而完整的建筑体系，影响远播于朝鲜、日本。

　　隋朝不足四十年，但在建筑上颇有作为，修建了都城大兴城、东都洛阳、江都（扬州），开凿了南起余杭（杭州）、北达涿郡（北京）、东始江都、西抵长安（西安）的长约 2500 公里的大运河。炀帝大业年间（605—618），名匠李春在现今河北赵县修建了一座世界上最早的敞肩券大石桥安济桥——又称赵州桥（图 22），是世界上现存年代久远、跨度最大、保存最完整的单孔坦弧敞肩石拱桥，它其在世界桥梁史上首创"敞肩拱"结构形式，具有较高的科学研究价值。桥身装饰雕作刀法苍劲有力，艺术风格新颖豪放，显示了隋代浑厚、严整、俊逸的石雕风貌，桥体饰纹雕刻精细，具有较高的艺术价值。唐代前期，国力富强，疆域远拓，于开元年间（714—741）达到鼎盛时期。唐代兴建了大规模的城郭宫殿、大量的寺塔、道观，著名的遗迹有五台山佛光寺大殿（图 23）、南禅寺佛殿、西安慈恩寺大雁塔（图 24）、荐福

图 22 安济桥 （又名赵州桥，李春，隋）

图 24 西安慈恩寺大雁塔（唐）

图 23 五台山佛光寺大殿（唐）

寺小雁塔、大理千寻塔以及一些石窟寺等。其中佛光寺大殿是中国现存规模最大的唐代木构建筑暨第二早的木结构建筑；大雁塔作为现存最早、规模最大的唐代四方楼阁式砖塔，是佛塔这种古印度佛寺的建筑形式随佛教传入中原地区，并融入华夏文化的典型物证。

在此期间，建筑设计中已出现以"材"为木构架设计的标准，朝廷制定了营缮的法令，设置有掌握绳墨、绘制图样和管理营造的官员。中国古代建筑技术已臻成熟。

三、转变阶段

从隋、唐至宋、辽、金时期，中国古代建筑史上出现了发展的第二个高潮。自北宋起，建筑艺术一改汉唐建筑古朴雄浑的气势，转而向细腻、纤巧方面发展，建筑装饰也更加讲究。北宋崇宁二年，朝廷颁布并刊行了《营造法式》，反映出中国古代建筑在工程技术与施工管理方面已达到了一个新的历史水平。

宋代建筑以佛塔、石桥、木桥、园林、皇陵与宫殿而闻名，著名的遗迹有河北定县开元寺佛塔（图 25）、山西太原市晋祠、杭州六和塔等。宋代在建筑装饰上着重建筑细部的刻画，一梁一柱都要进行艺术加工，彩画中一朵花的每一花瓣都要经过由浅到深、四层晕染才算完成。这样的装饰雕花，花瓣造型极尽变化，生动活泼。

图 25　定县开元寺佛塔（宋）

图 27　十三陵（长陵，明）

图 28　天坛（明、清）

图 26　妙应寺（白塔寺，元）

图 29　颐和园佛香阁（清）

　　之后的元、明、清三朝统治中国达六百多年，这是中国古代建筑历上最后的发展高潮期。这一时期建筑的各种规制都已经很完备，技术上也十分成熟，营建进入程式化阶段。元代营建大都、宫殿及寺庙（图 26），今天的北京城就是明清在元大都的基础上建成的；明代营造南、北两京及宫殿，在建筑布局方面，较之宋代更为成熟、合理；明清时期大事兴建宫殿、坛庙、帝王苑囿与私家园林，许多建筑佳作得以保留至今。如北京的明十三陵（图 27）、天坛（图 28），清颐和园（图 29）等，都是这一时期建筑的经典之作。

与西方古建筑的砖石结构体系相比，中国古建筑有自己独特的结构体系，具有以下特点。

1. 体现了明确的礼制思想，注重等级体现：形制、色彩、规模、结构、部件等都有严格规定，屋顶分为单坡、平顶、硬山、悬山、庑殿、歇山、卷棚、攒尖、重檐、盝顶等多种制式，又以重檐庑殿为最高等级。

2. 惯用木构架作房屋的承重结构，有抬梁式、穿斗式、井干式，以抬梁式结构采用最为普遍。斗栱是中国木构架建筑中最为独特的结构：斗是斗形垫木块，栱是弓形短木，它们逐层纵横交错叠加成一组上大下小的托架，安置在柱头上用以承托梁架的荷载和向外挑出的屋檐。

3. 古典园林设计讲究天人合一的意境，有治山境界、神仙境界、自然境界等，综合体现了儒释道三位一体的精神内涵。

4. 建筑布局形式方正严整，讲究对称美，凡城郭必有中轴线；建筑有严格的方向性，常为南北向，有单体建筑或群体建筑，大到宫殿，小到宅院，莫不如此。

5. 建筑装饰讲究雕梁画栋，门窗、梁柱甚至屋顶，雕饰结合彩绘，凸显建筑的庄严与优美。

思考题

1. 简要叙述中国古代四大发明，谈谈它们对当代中国设计的影响。

2. 以某个中国古代陶瓷产品为对象，试论述科技与设计的关系。

3. 明式家具有何特点，请结合一个具体的案例简要说明。

4. 根据自己对家具构造的了解，试给出一款家具的改良设计。

5. 如何看待中国古代设计思想对现代设计的意义？

6. 结合市场某类产品，试分析当代中国设计与国外设计的差距，并尝试分析问题出现的原因。

7. 试搜集陶瓷或家具方面的资料，针对一款选定的产品（瓷器、家具、现代或古代的均可）进行鉴赏，并给出你的评价结论及理由。

8. 借阅中国古代祭祀典籍，如《天工开物》《营造法式》《考工记》，写下你的阅读体会。

9. 查阅相关资料，深入了解中国古代建筑发展的历史，并写下读书报告。

延伸阅读

1. 自然科学史研究所，中国古代科技成就，中国青年出版社，1978年。

2. 王正书，明清家具鉴定，上海世界出版集团，2007年2月。

3. 叶喆民，中国陶瓷史，生活·读书·新知三联书店，2008年8月。

4. 马承源，中国青铜器，上海古籍出版社，2003年1月。

5. 田自秉，中国工艺美术史（修订本），东方出版中心，2010年4月。

CHAPTER 3
第三章
国外古代设计

现代工业设计发源于西方。要系统学习借鉴西方现代设计，就有必要了解与之有着千丝万缕联系的西方古代设计，洞悉其设计文化传承的脉络和设计思维延伸的轨迹。

在古代西方发展史上，从古埃及、古希腊到古罗马，尼罗河畔的风雨已侵蚀了金字塔、狮身人面像的风貌，地中海的波涛也洗去了角斗场昔日的繁华，每个时代的兴衰都是一次文化的传承与超越。跨越数千年的西方古代文明，为现代人类留下了令人惊叹的设计文化瑰宝。

第一节　古埃及的设计

古埃及（约公元前4500—公元前642）是世界四大文明古国之一，是奴隶制专制国家的典型代表，具有从法老到大臣、平民、奴隶这样一个等级森严的金字塔形的社会结构。埃及艺术是为法老和少数贵族服务的。法老专制一方面禁锢了艺术的创作自由，确立了带有深刻的宗教意味和王权意识的艺术规范，另一方面也导致了古埃及艺术的统一风格和宏伟巨作的产生，形成了自己独特的风格。

古埃及属于政教合一的王国，宗教信仰与王权的崇拜融为一体，盛行动物崇拜，各个部落都有其以动物为标志的"图腾"，法老被奉为至高无上的神灵，被想象为人兽的混合体。古埃及艺术的具体表现形式以维护政权的各种"神"为主体，对"死后生活的崇拜"这一特殊的宗教信仰也深刻影响着他们的艺术风格。

古埃及人在建筑方面取得了令人瞩目的成就。金字塔作为死后的"永恒之宫"，在天地间昭示其"永恒"，起到教化作用。古埃及金字塔最著名的代表是公元前27—公元前26世纪建于开罗近郊的吉萨金字塔群（Giza pyramids）。它由三座巨大的呈正方锥体的金字塔构成，形式极其单纯。其中最大的一座是胡夫金字塔（Great Pyramid of Khufu）（图1），高146.6米，底边长230.6米，尺度精密，是人类设计史上最辉煌的杰作之一。金字塔群庄严而雄伟，形式感朴素而稳重，从力学和心理学角度给人以广袤沙漠里不可动摇之感。它们配合着周边一望无际的沙漠和平原，在狮身人面兽的守护下，像神灵一样雄立在尼罗河畔，代表了古埃及宗教与文化的高峰，显示了古埃及人卓越的设计与建造能力，无愧为世界八大奇迹之首。卡纳克神殿（The Amun Temple of Karnak）是古埃及帝国遗留的最壮观的神庙，因其浩大的规模而闻名世界。神庙以其石柱大厅（图2）最为著名，内有134根要6个人才能合抱的巨柱，每根21米高，历经三千多年无一倾倒，令人赞叹；庙内的柱壁和墙垣上都刻有精美的浮雕和鲜艳的彩绘，它们记载着古埃及的神话传说和当时人们的日常生活。

古埃及的家具常见各种神化了的动物，如，以鹰头男人为形象的象征智慧和保卫王权的"荷

图 1　胡夫金字塔与狮身人面像（古埃及）

图 3　吐坦哈蒙王黄金座椅（古埃及）

图 2　卡尔纳克阿蒙神庙的石柱（古埃及）

图 4　吐坦哈蒙黄金面罩（古埃及）

鲁斯"神、太阳神、母牛形象的哈托尔女神、马头、马脚、狮头、狮身人首、鹅头、鸭头等，或整体或局部，借喻"统治者坐卧于神体之上，臣民和奴隶必须俯首帖耳"；在装饰风格上，金、银、宝石、象牙、乌木等材料辅以精细雕刻为主，色彩亮丽；制作工艺方面常见镶嵌拼接、榫头和榫眼、燕尾榫、斜榫、暗榫、木钉加金属件等结构。如吐坦哈蒙王（King Tutankhamen，公元前 1361—公元前 1352）黄金座椅（图 3），成器距今约 3200 多年，其精湛的雕刻和装饰技术令人叹为观止，是古埃及家具的代表作；其墓葬中的黄金面罩（图 4）重达 11 公斤，工艺精美，是位于埃及首都开罗的埃及博物馆的镇馆之宝，也是古埃及设计的一个文化符号。

　　古埃及人在材料的使用上也颇有建树。约公元前 3700 年前，古埃及人就已经掌握了玻璃烧制工艺，制出了有色玻璃装饰品和简单的玻璃器皿，其后传遍欧洲大陆。

从设计学的观点来看，古埃及的建筑设计规模宏伟，简约概括而写实；家具装饰华丽，有严格的正统观念，以程式化和稳固的审美意识为总体特点。例如，人像的正面律法则、服饰的程式化等。从阿蒙神庙、拉美西斯二世的庙宇，到金字塔以及国王谷的诸多王陵，从墓地、雕像到吐坦哈蒙王座椅，古埃及不断向世人展现其高度发达的技术、文化和设计艺术的魅力，昭示着古埃及人对天地、永恒和生命价值的独特追求。

古埃及设计的特点可以归纳如下。

1. 它强调几何形体与几何纹样的装饰性应用，如几何形态的变形处理和刻意的装饰性表现等。

2. 使用广泛的材质。它在当时许多新材料的使用上取得了辉煌的成就，特别是玻璃的发明，对人类工艺文化的发展产生了巨大的影响。

3. 它注重装饰的精神作用。其产品常常不是为满足人们的日常生活需求，而是为死者能够在来世继续"享用"而制作的，充满着静穆、庄重、浑厚和遒劲的风韵，同时伴随着浓郁的神秘主义色彩和宗教气息。

4. 埃及人"永恒"和"不变"的信念直接影响了其设计观念和作品风格。"常存的秩序"和"恒定的伦理"形成了独有的"埃及风格"。

直到今天，古代埃及人的设计智慧依然是世界设计史上的一座丰碑，启迪着现代设计思维的返璞归真。

第二节　古希腊的设计

古希腊（公元前 800—公元前 146）是多个小奴隶制国家的总称，是西方文明的主要源头之一。古希腊人在建筑、文学、艺术、科学等方面有很深的造诣；其经济以自由民（奴隶主）为基础；其设计着重社会性和公众共性利益的表达，结合外来文化，发展出了自己独特的、反映公民思想意识的设计艺术风格，对后世影响深远。

德国近代伟大的哲学家黑格尔（Georg Wilhelm Friedrich Hegel，1770—1831）说过，在有教养的欧洲人心中，一提到古希腊就会涌起一种家园之感。古代希腊是西方文明的发源地，其设计追求心灵美、善与体格健美的统一。神话题材也大多反映现实生活，表现出朴素的哲学思维以及对自然、历史和未来的探究。古代希腊设计艺术的类别可分为三类，即雕塑艺术、建筑艺术和绘画艺术。

一、古希腊的建筑艺术

图5 帕特农神庙（伊克梯诺＆卡里克利特，公元前447年）

古希腊的建筑开创了欧洲建筑艺术的先河，以神庙建筑艺术最为发达。帕特农神庙（Parthenon temple）（图5）由伊克梯诺（Ictinus）和卡里克利特（Callicrates）于公元前447年设计，采用柱式结构，黄金比例几何布局，雕塑与浮雕作为装饰被大量使用，是希腊古建筑的代表作，也是世界艺术宝库中著名的瑰宝。古希腊建筑没有富丽堂皇的形式，多与自然环境相和谐，设计构图严谨而系统，视觉形式偏向愉悦、自由、唯美、雅致等风格。

古希腊的建筑风格具有以下特点。

1. 平面构成为1:1.618或1:2的矩形，采用环柱式结构。建筑周围的高大立柱不仅透光，还能产生出丰富的光影效果和虚实变化，加强了希腊建筑的雕刻艺术的特色。

2. 固定的柱式定型。柱式样共有四种，即陶立克柱式、爱奥尼克柱式、科林斯式柱式和女郎雕像柱式。柱式的发展对古希腊建筑的结构、以及后来的古罗马、欧洲的建筑风格产生了重大的影响。

3. 建筑的双面披坡屋顶，形成了建筑前后的山花墙装饰的特定的手法，辅以圆雕、高浮雕、浅浮雕，创造了独特的装饰效果。

4. 大众艺术趣味的人体美与数的和谐。古希腊人崇尚人体美，无论是雕刻作品还是建筑，他们都认为人体的比例是最完美的。

5. 建筑与装饰的雕刻化呈现。雕刻作为古希腊建筑的一个重要组成部分，创造了完美的古希腊建筑艺术，使希腊建筑显得更加神秘、高贵、完美和谐。

二、古希腊雕塑艺术

古希腊悠久的神话传说既是其雕塑艺术的源泉，也是其雕塑的题材，是希腊人对自然与社会的美丽幻想。他们相信神与人具有同样的形体与性格，因此，古希腊雕塑参照人的形象来塑造神的形象，并赋予其更为理想、更为完美的艺术形式。在整个西方美术史中，古希腊雕塑占有十分重要的地位。

古希腊雕塑可以划分为四个时期：

1. 荷马时期（公元前12世纪—前8世纪），因著名的荷马史诗是这一时期唯一的文字史料而得名；

2. 古风时期（公元前750年—前6世纪末），因这一时期的雕刻艺术呈古朴稚拙的风格而得名；

3. 古典时期（公元前5世纪下半期—前334），指希波战争结束至马其顿亚历山大大帝开始东侵这段时间；

4. 希腊化时期（公元前334—前30），指罗马灭掉埃及托勒密王朝（希腊语：Πτολεμαϊκὴ βασιλεία，公元前305—前30）这一历史时期。

古希腊雕塑的代表人物分别是菲迪亚斯（Phidias，约公元前490—前431）、米隆（Myron，主要活动时期公元前400—前440）和波利克里托斯（Polyclitus，主要活动时期公元前5世纪后半期）。图6是菲迪亚斯创作的帕特农神庙内的《雅典娜》雕像，高12米（公元前438年，香木雕塑。原作毁于拜占庭时代，现存于雅典民族博物馆的大理石摹制品为公元2世纪罗马制品）。雕像中，雅典娜一身戎装，威风凛凛，头戴战盔，胸披甲胄，右手托着胜利女神，左手扶着刻有希腊人和亚马逊之战场面的盾牌，盾牌内还有一条巨蛇；头盔上雕刻的是女妖斯芬克斯和两头飞马神兽，胸甲上则是女妖美杜莎的头发；雕像体态丰满健壮，右腿直立，左腿微曲，身上的袍挂和长裙采用深雕手法，衣纹不但厚重有力，而且很自然，富有动感。她的面部造型均匀端正，眉宇清朗，鼻梁挺直，嘴唇微闭，双目炯炯有神，显示出传说中神的崇高和肃穆，挺身伫立，气宇轩昂；但同时，她那平和的神情又给人一种平易安详的美丽少女的印象。菲迪亚斯的雕塑作品在艺术风格上呈现出姿态宁静而高贵，表情肃穆而温雅，对此，后人称之为"神明的静穆"。图7是米隆创作的《掷铁饼者》（约公元前450年，青铜雕像。原作佚失，现存于罗马国立博物馆藏的大理石摹制品为罗马时期制品）。雕像刻画的是一名强健的男子在掷铁饼过程中最具有表现力的瞬间，雕塑选择铁饼摆回到最高点、即将抛出的一刹那，有着强烈的"引而不发"的吸引力；雕像的重心落在右腿上，因此右腿成了使整个雕像身体自由屈伸和旋转的轴心，同时又保持了雕像的稳定性。掷铁饼者张开的双臂像一张拉满弦的弓，带动了身体的弯曲，呈现出不稳定状态，但高举的铁饼又把人体全部的运动统一了起来，使人们又体会到了暂时的平衡。整尊雕像充满了连贯的运动感和节奏感，突破了艺术上时间和空间的局限性，传递了运动的意念，把人体的和谐、健美和青春的力量表达得淋漓尽致，

图6　帕特农神庙内的雅典娜（菲迪亚斯，公元前438年）　　图7　掷铁饼者（米隆，约公元前450年）

体现了古希腊的艺术家们不仅在艺术技巧上，同时也在艺术思想和表现力上有了一个质的飞跃。这尊雕像被认为是"空间中凝固的永恒"，直到今天仍不失为体育运动艺术创作的典范。

古希腊雕塑艺术是理想主义的、简朴的、强调共性的、典雅精致的，用外在的形式表现内在的力量，西方美术崇尚的典范模式可以说都是从古希腊开始的。

三、古希腊制陶工艺与绘画艺术

古希腊的制陶工艺也是很出名的。公元前 6 世纪—公元前 5 世纪，古希腊的民主政治处于一个稳定的时期，经济繁荣，其制陶业进入鼎盛时期。许多新技术得到发展和运用，各个城邦都有各种大大小小的制陶作坊。历史上，古希腊陶器大致经历了"几何纹样时期""东方风格时期""繁盛期"和"衰落期"这四个时期。从已被发现的古希腊文物来看，陶器的立体造型大多考虑了器具的使用目的和操作性；陶器上大多绘制有反映人们生活与战争场面的各式图案，如公元前 6 世纪初古希腊瓶画出现的"黑绘风格"，不仅具有很高的艺术审美价值，对研究当时的社会和生活状况也具有很高的学术价值。"黑绘风格"的特点是在瓶的红色底壁上用黑釉勾画出图形的简略轮廓，然后在图形主体部分敷以黑色的"漆"，很有装饰意味。图 8 是古希腊黑绘风格陶瓶，其上绘制的是古希腊美术中"古风时期"（公元前 7 世纪—公元前 6 世纪）的代表画作《阿喀琉斯与埃阿斯玩骰子》。

除此之外，古希腊的家具设计也独具特色。它以使产品达到合理目的、舒适及与生活场景相协调为目标，主要有椅、桌、凳、床、长榻和餐厅家具等种类，在造型上摒弃了古埃及造型中的刻板与亚述、波斯的大尺度及装饰上的冗余琐碎，多以人体流畅线条和简洁柱式造型为装饰，把形态与韵律、精密与清晰、和谐与秩序、比例与协调等要素融入每件家具的设计中，显示出"唯理性主义"的审美特征。器型带有浓厚的平民化特点，肯定人的尊严、崇高与神圣，形成了简洁、自由、实用、优雅的家具风格。例如，克里斯莫斯椅（Klismos Chair)（图 9），取材考究，既具有优美的靠背线条，简洁、质朴、舒适又不失美感，同时还具有科学的受力结构，是古希腊家具设计的精品。

古希腊的金属工艺也颇值一提。很多当时的文学作品描写了各种各样的古希腊金属制品，从刀、枪、剑到盔甲，再到各种精美的装饰物件。与中国古代

图 8　黑绘陶瓶（古希腊）

图 9　克里斯莫斯椅（古希腊）

厚重、朴实的青铜器工艺相比，古希腊的青铜工艺作品则强调了民主、自由，气质更加典雅、大方，与古希腊颂扬、追求人文精神的文化一脉相承。

应该说，以雕塑和建筑而闻名于世的古希腊艺术文化，对其家具、室内设计、青铜器等器物设计风格的影响也是深刻的。

第三节　古罗马的设计

古罗马（公元前 1000—1453）是公元前 10 世纪初在意大利半岛中部兴起的奴隶占有制城邦。在古希腊衰落前，古罗马文明就已经开始在意大利半岛上逐步发展起来了，1 世纪前后扩张而成为横跨欧、亚、非三洲的庞大的罗马帝国，1453 年为奥斯曼帝国所灭。古罗马人在不断侵略扩张的同时，在客观上也促成了世界各地文明之间的相互交融。

一、古罗马的建筑设计

古罗马以建筑和雕塑闻名于世，在设计艺术风格上呈多元化，同一时期不同地方的手法和风格也不尽相同。如供贵族专用的"正统"艺术品反映出贵族阔绰、臃肿、华丽的个人偏好；而大量通过市场进行交易的艺术品，虽然技术水平很高，但缺少艺术感染力。

古罗马建筑是建筑艺术宝库中的一颗明珠，它承载了古希腊文明中的建筑风格，凸显地中海地区特色，同时又是古希腊建筑的一种发展。古罗马建筑沿袭亚平宁半岛上伊特鲁里亚人（Etruscans）的建筑技术（主要是拱券技术），一般采用柱式结构，以厚实的砖石墙、半圆形拱券、逐层挑出的门框装饰和交叉拱顶结构为主要特点，辅以大量的喷泉，类型以剧场、神庙、角斗场（图 10）等为主，风格雄浑凝重，构图和谐统一，形式多样。

图 10　角斗场（古罗马）

二、古罗马的家具设计

古罗马的家具文化传承了古希腊的风格特点，在家具装饰上呈坚厚凝重的特征，以柱式结构为主，常采用雕刻、镶嵌、绘画、镀金、贴薄木片和油漆等技巧，显示了一种男性化的力量风格，这也是当时罗马帝国强盛的一种预示。值得一提的是，古罗马把家具制造与金属铸造相结合，创造出了家具史上与众不同的产品——青铜家具。青铜家具借鉴了古希腊家具的形式感，创新地改进了青铜铸造工艺，在设计上利用空心曲面的形式来改进其结构，并用青铜腐蚀雕刻工艺来装饰家具，极大地丰富了家具装饰艺术水准，广受人们的喜爱。如梅罗文加王朝（Merovingian）的青铜折叠椅——达格贝尔（King Dagbel）的王座（图 11）和透雕头饰（图 12），都反映出古罗马人精湛的青铜制作工艺。

三、古罗马的制陶工艺

在制陶工艺方面，古罗马人深受古典主义的影响，在陶器的装饰上也延续了古希腊的风格。如帝政时期（公元前 63—公元 68），大量生产的被称为"特拉·西吉拉达"的赤土陶器，以器型多样、模具翻制、造型规范为特征，采用嵌花贴饰或模型翻印而成的浮雕做装饰，从公元

图 11　达格贝尔的王座——青铜折叠椅（古罗马）

图 12　透雕锥形头饰（古罗马）

图 13　植物纹浮雕赤陶钵（古罗马）

前 1 世纪末至公元 4 世纪初，作为日常饮食器具广泛流传于整个罗马地域，史称"罗马赤陶"（图 13）。古罗马还有一种叫"阿雷汀"的陶器，在制成模型后通过某种挤压方式来添加花纹，整个加工工序很严格，减少了工匠制作时的主观成分，形成了类似于现代批量生产的模式。

此外，古罗马人在金银器制作、玉石、象牙雕刻和染织工艺等方面都取得了不小的艺术成就。特别是工艺美术品和室内陈设品，种类繁多且制作技艺精湛，其中以银器制作成就最为突出，器型除作为餐具用的碗、碟、杯、壶、刀叉之外，还有用作化妆的银镜及首饰等，其装饰纹样大多采用浮雕法，风格精致而华美，至今仍为设计界所称道。

古罗马设计的共性特点可以归纳如下。

1. 多元化，反映在地域、不同时期、不同民族设计风格的差异。

2. 以豪华、恢宏、壮丽为特色。如建筑券柱式造型是古罗马人的创造，两柱之间是一个券洞，形成一种券与柱大胆结合、极富趣味的柱式装饰，成为西方室内装饰最鲜明的特征。广为流行的有古希腊流行的柱式风格及其发展创造的罗马混合柱式。古罗马风格的柱式结构曾经风靡一时，至今在家具设计中还常常被应用。

3. 装饰上以真、善、美为特征，大量采用自然美、人体美、比例之美等装饰元素。

古罗马在建筑、艺术、政治、军事、法律等多个领域为后世留下了丰富的遗产，并最终确立了欧洲文明的模式，在古希腊文明的基础上孕育了近代欧洲文明。

第四节 欧洲中世纪的设计

欧洲的中世纪（5—15 世纪）历史漫长，在时间上它上承古希腊、古罗马艺术，下启意大利文艺复兴，客观上是欧洲设计与艺术发展历史上不可或缺的一环。当时，基督教神学思想占统治地位，精神上表现出对人性、自由的压抑和扼杀，相对于之前的古典文明时期和之后的工业文明时期，人类的创造性也受到了极大的抑制。政治黑暗战乱不断，宗教干涉与腐败堕落，经济没落再加上瘟疫横行，这一时期的欧洲民众生活在一种暗无天日、毫无希望、水深火热的生活里，史称欧洲的"黑暗时期"。

欧洲中世纪文化艺术是在东方文化、古希腊、古罗马文化和北方民族文化的基础上融合而成的基督教文化。

欧洲中世纪建筑设计经历了早期基督教建筑艺术、拜占庭建筑艺术、罗马式建筑艺术和哥特式建筑艺术等四个时期。由于文化交流与军事冲突，各种流派相互传播，总体上呈现出着重精神世界、风格杂糅的面貌。欧洲中世纪的建筑设计流行四种风格：

1. 长方形、山字木质屋顶加长廊柱子的巴西里卡式；

2. 纵向的长方形中厅加连续的圆形穹顶、带马赛克镶嵌装饰的拜占庭式；

3. 厚墙、高塔、拱券加浮雕装饰的罗马教堂式；

4. 哥特式（Gothic）。

科隆大教堂（Koelner Dom，全名 Hohe Domkirche St. Peter und Maria）（图14），始建于1248年，由于经济和社会的原因，造成工程施工断断续续，耗时超过600年，被誉为哥特式教堂建筑中最完美的典范。

家具设计业也受到建筑设计的影响而呈现出类似的风格。例如，早期的拜占庭（Byzantine Empire，395—1453年）家具继承了罗马家具的形式，并融合了西亚和埃及的艺术风格、波斯的细部装饰、罗马建筑的拱券形式，采用了象牙雕刻和镟木技术，以雕刻和镶嵌最为多见，节奏感很强。家具造型由曲线形式转变为直线形式，具有挺直庄严的外形特征，尤其是以马克希曼王座（Throne of Maximian）（图15）的造型最为突出。到了后期，受宗教的影响，充满神秘效果的哥特式建筑的高直纵向风格，作为一种宗教符号被人们所喜爱，其特点是应用拱技术，将结构与装饰相结合，重视向上的线条，精美精致的浮雕、透雕、平刻相结合的装饰图案富有寓意和神秘性，形成高大明亮、庄严稳重、神圣而轻盈的形式感，帮助人们升

图15　拜占庭马克希曼王宝座（中世纪）

图14　科隆大教堂（德，中世纪）

图16　哥特式靠背椅（中世纪）

华精神、摆脱凡尘。其雕刻装饰以植物叶饰为主，所选用的图案多为自然界的植物。这种设计手法逐渐应用在家具和日用器物设计上，发展形成了众所周知的哥特式风格（图16）。

在这一时期，木工、瓦匠等手工匠人使用的各式工具已渐成熟，很多机械工具的设计也开始萌发；产品设计已开始出现功能性主导的趋势，许多刻意的装饰纹样逐渐被弱化，产品的逻辑结构也得到了强调，透着现代设计的影子。

总体上看，受当时宗教思想的影响，欧洲中世纪的设计与艺术呈现出与人的精神生活联系十分密切的显著特色。舒适或美感不是通过对设计物品的使用来获得，而是通过宗教活动将基督教精神渗透到人们的心灵中，以调节和平衡人们的心理活动、感化人们的精神世界来达成的，背离了设计的初衷。中世纪后期，随着资本主义社会商业化的趋势愈加明显，中产阶级群体不断壮大，人们对于生活品质和艺术价值的追求日渐提高，思想和信仰上冲破落后宗教束缚呼声渐起，这吹响了欧洲文艺复兴的号角。

第五节　文艺复兴时期的设计

文艺复兴（14—17世纪）是指13世纪末发源于意大利佛罗伦萨（Firenze），并于16世纪席卷欧洲的一场思想文化运动。文艺复兴运动崇尚以人为本的精神，是对古希腊、古罗马艺术更高层面的回归；它提倡打破基督教对精神自由的束缚，解放人的情感，倡导意识形态的多元化。著名的文艺复兴"艺术三杰"米开朗基罗（Michelangelo Buonarroti，1475—1564）、达·芬奇和拉斐尔·圣奇奥（Raffaello Sanzio，1483—1520）全部诞生在意大利。

14世纪意大利工商业的繁荣，让更多的市民阶层希望看到更符合自己审美口味的艺术作品，寻求新的生命和个性、内心的飘逸与精致。一时间，写实主义、创造精神、古典艺术等纷纷开始回归。如拉斐尔·圣奇奥、波提切利（Sandro Botticelli，1445—1510）等师法自然，以其作品的艺术感染力，突出了真、善、美、人、神的完美融合。

当时，机械领域也有了很大发展，以米开朗基罗为代表的众多集艺术、手工艺、科学于一身的大师的出现，极大地推动了技术和发明创造的进步。如建筑师安东尼奥·桑加洛（Antonio Sangallo，1455—1537）记述了多种起重机械；艺术大师达·芬奇除绘画外，还研究各种机械结构；阿戈斯蒂诺·雷麦利（Agostino Ramelli，1531—1600）出版了有关各种机器的书籍。当时，用于设计的各种传统图集、装饰纹样等虽被不断印刷出版，但仍然不能满足产品多元化的需求，洛阳纸贵。也就是在这个时期，产品设计师开始逐渐与手工制作者有了行业区分。

文艺复兴时期在思想、文学、艺术、绘画、雕塑领域里取得的成就，很快就影响到了建筑和设计。例如，文艺复兴时期的建筑形成了独特的特点：推崇基本的几何体，如方形、三角形、立方体、球体、圆柱体等，进而由这些形体倍数关系的增减创造出理想的比例；在建筑设计及建造中大量采用古罗马的建筑主题、高低拱券、壁柱、窗子、穹顶、塔楼等，不同高度使用不同的柱式；建筑物底层多采用粗琢的石料，留下粗糙的砍凿痕迹作为装饰；许多科学技术上的成果，如力学上的成就、绘画中的透视规律、新的施工机具等，被大量运用到建筑营造中；在建筑类型、建筑形制、建筑形式等方面，突破了风格主义的常规局限，创造出了一种新颖而生动的活力，呈现出空前繁荣的景象。图 17 是由小桑迦洛（Antonio da San Gallo，the Younger，1485—1546）设计的法尔尼斯府邸（Palazzo Farnese），1514—1546 年建于罗马，是文艺复兴盛期府邸的典型建筑。府邸由小桑迦洛设计，后由米开朗基罗改建。米开朗基罗为府邸设计了一个新的、完全非维特鲁威式的上层；新设计的建筑第一层采用"尼尔林万式"窗户——米开朗基罗创造的一种样式，高层窗檐交替三角形与弧形，科林斯式立柱使每扇窗户看起来都像是罗马时期建筑的大门；他还为这座建筑加上了气派的崖檐，重新设计的入口处加上了一个观礼台，并把法尔尼斯家族的盾形徽章置于观礼台之上；府邸厚重的立面效果和冷峻庄严的人口，仿佛一直向人们提醒着法尔尼斯家族显赫的地位。今天，它已经成了法国大使馆的所在地。

文艺复兴时期建筑的风格特点如下。

1. 追求新奇，一方面采用古典柱式，另一方面又灵活变通，大胆创新，将各个地区的建筑风格同古典柱式融合在一起；同时，还将文艺复兴时期取得的科学技术上的成果，应用到了建筑创作实践中。

2. 追求建筑形体和空间的动态，常采用穿插的曲面和椭圆形的空间，追求豪华，大量采用圆柱、圆顶，外加精美的饰物。

图 17　罗马法尔尼斯府邸

3. 喜好富丽的装饰，强烈的色彩，打破了建筑与雕刻绘画的界线，使其相互渗透。

4. 趋向自然，追求自由奔放的格调，表达世俗情趣，具有欢乐气氛。全新的结构、风格，突破了传统风格主义的束缚，创造出了一种新颖而生动的活力。

到了 18 世纪初，欧洲文艺复兴运动开始逐渐衰落，社会进入了新的历史阶段——浪漫时期。这是连接古典与现代的非常重要的过渡阶段，其主要风格是流行于意大利的巴洛克风格（Baroque Style）［图 18，安德烈·查尔斯·布尔（Andre Charles Boulle，1642—1732）设计］和法国的洛可可风格（Rococo Style）［图 19，埃尔金顿（George Richards Elkington，1801—1865）制作］，它们在建筑、产品及室内设计等各领域都留下了深深的印迹。巴洛克风格不同于早期的文艺复兴风格，它反对平衡、庄严，喜欢浮夸、奢华等表面形式，追求出奇制胜、与众不同的形式美感和热情奔放的男性化特征浪漫主义格调；在装饰上选用复杂而且扭曲的造型，视觉上喜欢充满运动感和流动感。这些特点受到许多王公贵族的推崇，成为当时众人追逐的潮流；而洛可可风格既是巴洛克风格的某种延续，又有自身的特点，当时中国商品对西方的大量出口，导致了"中国趣味"对洛可可风格的影响很大，它偏好以明朗而纤细的形式感来表达女性的轻盈感，构图上装饰华丽、色彩明快柔和，各种自然界的素材，例如贝壳、植物等曲线的形式被广为借鉴，配合鲜艳的色彩来装点室内、家具、茶具等。

巴洛克与洛可可风格不易区分，这里给出其分辨的方法。简而言之，巴洛克在装饰上是没有形式、没有框架、没有界限，线条多是弯曲的，而且一眼望过去觉得非常繁复，没有焦点。表现在绘画中，巴洛克是一门暴力的艺术，光线的明暗对比和色彩的对比非常明显，画面往往会有一种紧张感。巴洛克是和古典主义对立的，这也是为什么巴洛克的艺术风格往往会出现在宗教场所中——为了凸显教堂的庄严与神圣，从而让人们心生敬畏。洛可可的装饰线条也是不规则、不对称的，但在其背后往往会有一个框架，它的不规则也只是框架里的不规则。这个框架通常是源自自然界的某种比例，不是人为规定的，因为在西方美学中，比例就是美，譬如雕

图 18　巴洛克风格桌子（布尔，1709 年）

图 19　洛可可风格的镀银茶具（埃尔金顿，1847 年）

塑中人体的比例、自然界植物的比例等等。

由于过分追求表面修饰、浮夸而奢华的形式感，巴洛克和洛可可风格最后也逐渐式微，成了明日黄花。

恩格斯（Friedrich Engels，1820—1895）在高度评价文艺复兴在历史上的进步作用时写道："这是一次人类从来没有经历过的最伟大的、进步的变革，是一个需要巨人而且产生了巨人——在思维能力、热情和性格方面、在多才多艺和学识渊博方面的巨人时代。"意大利佛罗伦萨作为欧洲文艺复兴的发源地，在技术、诗歌、绘画、雕刻、建筑和音乐等各方面均取得了举世瞩目的成就。

文艺复兴造就了崇尚人文主义、宣扬个性解放、以人为本、反对封建宗教束缚的设计特点。人们在思想上冲破了几百年中世纪矫揉造作的宗教意识压迫，古典主义再度兴起，富有生活气息、形象生动、逼真优美的设计再度回归，为设计赋予了浓重的人文主义色彩。文艺复兴时期在设计与艺术表现形式上的探索，孕育了欧洲后来波澜壮阔的各种设计运动，对今天的工业设计依然具有启发意义和借鉴价值。

思考题

1. 回顾国内外古代设计史，谈谈你对设计发展脉络的体会。我们应该如何面对未来设计的发展趋势？

2. 古罗马设计的主要特点是什么？请举例做具体分析。

3. 了解相关资料，试述巴洛克与洛可可风格的异同，各举一个例子进行说明，并尝试将这两种风格分别应用到产品设计构思上。

4. 试查阅资料了解欧洲中世纪都发生了什么，对世界设计有哪些有利和不利的影响。

5. 试分析文艺复兴时期设计的特点。

6. 试设计一款巴洛克（或洛可可）风格的茶杯（或茶具），画出概念草图。

延伸阅读

1. 王受之，世界现代设计史（第 2 版），中国青年出版社，2015 年 12 月。

2. 张少侠，世界工艺美术史，上海书画出版社，2009 年。

第
四
章

CHAPTER 4

19世纪前后的设计

18世纪后半叶发生在英国的工业革命，导致了机械化大生产与传统手工艺行业的对立，生产与设计逐步分化并形成了独立的职业。机器时代的消费需求跨越了地域和社会的边界，其爆发式的增长，使得原先手工艺方式的制造业不再适合新的消费模式的需要。工业化制造体系、批量生产、标准化的发展，直接促进了现代工业设计的萌生。

第一节　欧洲18世纪的设计风格

工业革命之后的英国，大批量的生产使商品同质化现象十分突出，缺少手工艺术家所赋予的独特的艺术气息。设计作为协调大批量生产造成的产品品质下降与追求精美产品质感之间矛盾的手段而得到发展。新古典主义（Neoclassicism）和浪漫主义（Romanticism）这两种风格，就是在这样的背景下产生的。

一、新古典主义风格

新古典主义风格是指追求简洁、典雅及高贵的淳朴和壮穆的宏伟，将现代机械化生产程序与古典主义的灵感、精致的工艺和大众的口味相结合的设计风格。它从简单到繁杂、从局部到整体，无论是精雕细琢，还是镶花刻金，都给人一丝不苟的印象。它一方面保留了材质、色彩的大致风格，仍然可以让人很强烈地感受传统的历史痕迹与浑厚的文化底蕴；另一方面又摒弃了过于复杂的肌理和装饰，简化了线条。

当时，为了适应机械化生产，人们不得不抛弃巴洛克、洛可可这些繁琐的风格，尝试学习借鉴希腊、罗马的古典艺术。1750年，罗马庞贝遗址的发掘，在欧洲兴起了研究古典艺术的热潮，人们认识到古典艺术的艺术质量远远超过了镶嵌贵金属的巴洛克、洛可可风格。其高雅而简洁的风格不仅符合当时人们对理性的崇拜，而且更加适合机械化的大批量生产。

设计师乔治·谢拉顿（George Sheraton，1751—1806）设计的家具（图1）及其为英王乔治二世（King George II，1683—1760）设计的衣橱等，都是这个时期的代

图1　软垫椅（谢拉顿，1800年）

表作。而从乔赛亚·韦奇伍德（Josiah Wedgwood，1730—1795）设计的王后御用陶瓷（图2）和马修·保尔顿（Matthew Boulton，1728—1809）生产的烛台（图3）中，人们也可以发现新古典主义的作用，产品在设计上将实用性、易于生产性和迎合人们美学追求的偏好等因素完美地结合到了一起。

图2　王后御用陶瓷（韦奇伍德，1790年）

新古典主义风格具有以下特点。

1. 它在注重装饰效果的同时，用现代的手法和材质还原古典气质，具备了古典与现代的双重审美效果。

2. 在造型设计上，它既不仿古，也不复古，而是追求神似。

3. 用简化的手法、现代的材料和加工技术去追求传统式样的形制特点。

4. 它注重装饰效果。用室内陈设品来增强历史文脉特色，往往会借用古典装潢、家具及陈设品来烘托室内环境气氛。

图3　烛台（保尔顿，1800年）

5. 它常采用白色、金色、黄色、暗红色等欧式风格中多见的主色调，少量白色糅合，使色彩看起来明亮。

6. 墙纸是新古典主义装饰风格中重要的装饰材料，金银漆、亮粉、金属质感材质的全新引入，为墙纸对空间的装饰提供了更广阔的发挥余地。新古典装修风格的壁纸具有经典却更简约的图案、复古却又时尚的色彩，既包含了古典风格的文化底蕴，也体现了现代流行的时尚元素，是复古与潮流的完美融合。

二、浪漫主义风格

浪漫主义风格是指趋向于热情、华丽、幻想所表现出的动态美感的设计形式，主要以"巴洛克"和"洛可可"风格为主（详见第三章第五节）。

浪漫主义风格起源于18世纪下半叶的意大利，与文艺复兴后欧洲浪漫主义艺术的酝酿与萌发颇有渊源，是当时在欧洲非常活跃的一种风格。它在形式和内容上以古希腊、古罗马为借鉴的楷模，风格典雅、端庄；推崇传统艺术和中世纪的世界观，反对机械化的大生产；喜欢自然而非简单的几何形式，欣赏东方情调而非机械的功能。

图4　银质显微镜（阿达姆斯，1761年）

浪漫主义风格除了关注产品的坚固性外，对产品的装饰、各种自然纹样也非常重视，善于抒发对理想的热烈追求，热情地肯定人的主观性，表现激烈奔放的情感，常用瑰丽的想象和夸张的手法塑造形象，将主观、非理性和想象融为一体，使用品更加个性化，更具有生命的活力。浪漫主义将装饰效果作为产品档次高低评判的重要标准，从家用纺车到各种服装、生活用品、五金件等，广泛采用自然纹样来表达人们的内心情感。

浪漫主义风格著名的代表作品是乔治·阿达姆斯（George Adams Sr., 1709—1773）为英王乔治三世（King George Ⅲ, 1738—1820）制作的银质显微镜（图4），它以复杂的花草人物作为装饰纹样以表达其高贵感，从中甚至可以看到设计师的某种情感冲动，即使那些复杂的装饰限制了产品的使用方便性也在所不惜。

浪漫主义风格与后来的工艺美术运动有着很强的关联，为其产生提供了一定的思想基础。

第二节　美国机械化设计与制造体系的发展

18世纪末期，美国人理性的思维和适合机械化大生产发展的良好社会环境，促进了其制造业的发展。为了适应大规模机器生产，一种新的生产方式在美国发展了，这种方式确定了现代工业批量化生产的模式和工艺规范，机械化制造体系随之形成。这一体系最早是在军火行业中产生与发展起来的。当时，军火商迫切希望大批量生产的枪支的各个部件可以互换，以方便产品在不同的地域组织生产和维修，同时零件要尽量简化而又确保其精度。素有美国"制造体系之父"之称的伊莱·惠特尼（Eli Whitney, 1765—1825）对这一体系的形成起到了很大的推动作用。

美国的机械化制造体系具有以下特点。

1. 标准化产品的大批量生产，要求产品尺度、材料、加工工艺等要符合统一的规范，零件设计要适合机械化批量生产。

2. 产品零件具有可互换性。互换性必须通过统一的规范约定来保证。

图 5　海军型左轮手枪（柯尔特，1851 年）

3. 对一系列简化设计、适合机器批量生产的机械零件，使用大功率的加工装置，以提升生产劳动效率。

美国制造体系的形成也受到了来自欧洲的技术的影响。大约在 1729 年，瑞典就有人开始以水为动力，用简单的机器生产可互换的钟表齿轮；后来，法国军火商布兰克（Le Blanc）采用了类似的方法来生产滑膛枪。美国机械化制造体系的建立使得生产方式更加合理化，企业运作更加高效，产品的质量更加稳定，很符合美国的实用主义。柯尔特 1851 海军型（Colt 1851 navy）左轮手枪（图 5），是一款由塞缪尔·柯尔特（Samuel Colt，1814—1862）于 1847 年至 1850 年期间研制的火帽式点火单动式左轮手枪，结构简单，零件经过标准化设计，形制简洁，特别适合机械化批量生产，并且曾经在 1851 年的伦敦 "水晶宫" 博览会上引起轰动。该枪一直持续生产至 1873 年，后逐渐地被使用金属子弹的手枪所取代。

美国机械化设计与制造体系形成后，被迅速推广到了其他行业，如农业、钟表、机械以及家用电器、汽车制造、生活用品等行业。尽管它让商业产品缺少了装饰，失去了部分外在美，但其对后世机器美学的出现，却起到了不容忽视的重要推动作用。

第三节　标准化思想与标准化设计

标准化是指为在一定的范围内获得最佳秩序，对实际的或潜在的问题制定共同的和可重复使用的规范。而标准化设计则是指在一定时期内，面向通用产品，采用共性条件，制定统一的标准和模式，而开展的适用范围比较广泛的设计，适用于技术上成熟、经济上合理、市场容量充裕的产品的设计。

工业革命后，机械化大批量生产方式被广泛应用。为了实现零部件之间的灵活互换，标准化的概念被提出并迅速推广开来。伊莱·惠特尼是美国 18 世纪末至 19 世纪初的一位发明家、机械工程师、企业家和轧花机的发明者，也是实行标准化生产的创始者。他率先在制锁中采用标准化零件，保证零件可互换，后推广到枪械生产中。惠特尼按照枪支零件的尺寸设计出了一套专门的器械和流程，让一般工人通过使用它们分工生产不同的零件。用这种工艺流程生产出来的零件尺寸及公差均一，任何零件皆能适用于任意一把同型号的步枪，只要将它们组装起来便可成为一支完整的步枪。这就是 19 世纪初最早的标准化设计思想的运用。

实践证明，采用标准化设计的优点是：

1. 设计质量有保证，有利于提高生产制造质量；

2. 可以减少重复劳动，加快设计速度，有利于设计知识的积累和再利用；

3. 有利于新技术的采用和推广；

4. 便于实行零配件生产工厂化、装配流水化和制造机械化，提高劳动生产率，加快生产进度；

5. 有利于节约材料，降低生产成本，提高经济效益。

标准化的出现保证了零部件之间的灵活互换性，这在批量生产的环境下显得尤为重要，因而被迅速普及，为众多企业所接受，后者纷纷建立了自己的标准化体系。然而，虽然这种做法对单个企业是合适的，但是并不能保证企业之间的零部件之间的通用，也不能互换。在 1870—1871 年间的对法战争中因此而吃亏的普鲁士政府[1]，在 19 世纪中后期率先建立了国家层面的标准化体系，统一了铁路系统车辆和机车标准，并获得了成功。普鲁士 P8 型机车是历史上产量最多、设计最成功的机车之一（图 6），它大量采用了标准化的设计思想。第一批 P8

图6 普鲁士 P8 型机车（普鲁士，约 1900—1921 年）

---

1 当时普鲁士的铁路运营系统是由 9 个州立公司及许多私人公司拥有的，每家公司都有自己型号的机车，相互间完全不通用，在战争状态下保养维修极为不便，因此给军事上的灵活性和实用性带来极大困难。来自军方的压力导致了铁路系统的国有化，从而成立了普鲁士国营铁路公司，并于 1877 年生产出了第一台标准化机车。

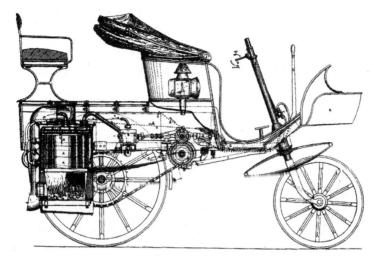

图7　西普莱特蒸汽马车（美，1891年）

型机车由德国柏林的施瓦茨科波夫（Schwartzkopff）生产，不久，其他生产商也加入其中，到 1921 年为止，普鲁士皇家铁路总共有 3370 台 P8 型机车，后被德意志帝国铁路公司合并。

　　随后，标准化思想在家电企业也获得了成功。譬如，1907 年德国设计师彼得·贝伦斯（Peter Behrens，1868—1940）被聘请为 AEG 公司的设计顾问，他被历史所铭记的贡献之一就是对标准化思想的灵活运用与发展，利用他设计的为数不多的标准化零部件，居然可以组合出多达 80 种水壶，极大地提高了生产效率和企业的竞争力。

　　标准化思想的采纳，也推进了 19 世纪末美国汽车工业的飞速发展，奠定了美国汽车在世界上的领先地位。图 7 是 19 世纪 90 年代的美国西普莱特蒸汽马车，部分零部件的生产采用了标准化技术。

　　从此以后，世界各国都开始重视标准化建设，纷纷建立起标准化协会，制定各种设计标准体系，推进了机械化设计与制造的快速发展。后来的产品开发与设计，例如汽车的设计和生产、组合家具系统的出现等，反过来又促进了标准化体系的进一步完善。

　　进入 19 世纪下半叶，产业革命带来的技术的进步、生产力的解放和社会的变革，使工业设计从萌芽期进入到形成与发展阶段。从此，各种新的设计思潮风起云涌，开启了工业设计繁荣发展的时代。

思考题

1. 结合本章内容，查阅其他资料，简要说明新古典主义与浪漫主义风格的异同。
2. 请选择几种你所见到的符合古典主义、浪漫主义特征的产品，并说明理由。

3. 美国机械化设计与制造体系的出现有何意义？对设计人员有何启发？

4. 应用标准化设计思想，针对某款选定的产品，分别举例说明标准化的利弊。

5. 目前市场上山地车种类众多，试利用自己的经验和知识，分析类似产品出现多品类、非标准的原因所在，并尝试分析未来自行车发展的趋势。

延伸阅读

1. 王受之，世界现代设计史（第 2 版），中国青年出版社，2015 年 12 月。

2. ［荷］代尔夫特理工大学工业设计工程学院，倪裕伟译，设计方法与策略（代尔夫特设计指南），华中科技大学，2014 年 8 月。

3. 陈瑞林著，西方设计史，湖北美术出版社，2009 年 3 月。

4. 王敏著，西方工业设计史，重庆大学出版社，2013 年 5 月。

中篇
工业设计形成与发展阶段
(1850—1955)

18世纪源自英国的第一次工业革命，是技术发展史上的一次巨变，它开创了以机器代替手工的新时代，引发了深刻的社会变革。这场革命是以珍妮纺纱机的诞生开始、以瓦特蒸汽机作为动力机被广泛使用为标志的。

第一次工业革命宣告了传统手工艺生产方式的终结，机械化的大批量生产，促使社会各行业、各工种分工的细化，各生产环节之间衔接、配套的矛盾，导致了设计与生产、销售相分离。这个变革过程中，设计逐渐体现出了作为一种贯穿始终，并且有计划、有目的协调、管理各生产环节的思想方法的重要作用。英国明确提出要推进科学、工业和艺术相结合，主张政府有计划地组织、管理市政设计和工业制品设计，这些措施为当时英国工业的振兴找到了出路。

工业化大生产促进了工业设计的快速发展。在这一阶段，传统的审美意识与新的设计思潮不断碰撞，工艺美术运动、新艺术运动、机器美学及商业主义设计风格等思潮、风格和流派如雨后春笋般地涌现，开创了百花齐放、百家争鸣的局面，是工业设计发展史上最为绚丽多彩的时代。

第五章

CHAPTER 5
工艺美术运动
（1850—1910）

18世纪末至19世纪初，爆发于英国的工业革命，使得整个欧洲社会的封建体系开始走向崩溃，以手工作坊为代表的传统生产方式逐渐被机器生产所替代，个体经济逐步向社会化的商品经济形态转变，新的生活方式和审美习惯逐渐形成，现代设计的市场、文化环境得以产生。在设计领域，一方面，需要一个有别于欧洲封建社会末期追求繁缛装饰、矫揉造作的洛可可风格等形式的创作环境；另一方面，机械化批量生产带来的产品艺术品质的下降，诱发了部分设计师的不满，工艺美术运动（The Arts & Crafts Movement）也就应运而生了。可以说，工业革命的产生与发展，是工艺美术运动产生的根本诱因。

从意识形态上来看，工艺美术运动是消极的，它是在轰轰烈烈的大工业革命中，企图逃避时代进步的部分知识分子的一厢情愿。从设计思想上来看，它又表现出了工业化与手工业时代新旧交替时期人们特有的激动与迷茫，因而它在整个工业设计史上有着极其特殊的地位。

第一节　工艺美术运动的背景与起源

工艺美术运动是19世纪下半叶起源于英国的一场设计改良运动。工业革命爆发后，欧洲各国先后卷入了这场人类历史上的伟大革命。这场革命标志着西方国家从封建社会进入了资本主义社会，引发了从生产、生活方式到人们思想观念方面的巨大变革。如《简明不列颠百科全书》中所指出的："工业革命指从农业和手工业经济转变到以工业和机器制造业为主的经济过程。"这一过程从18世纪60年代的英国开始传播到世界各地。工业革命的主要影响既是工业方面的，又是经济、社会和文化方面的。

面对工业化的到来，知识阶层发现以往悠闲的生活方式转变成急迫的、冷酷的社会关系，产品的设计更多的是缺乏人情味的机械化、工业化风格的展现。艺术家、建筑师和艺术理论家们对工业化带来的问题束手无策，在现实面前他们感到无能为力，开始寻找精神寄托，怀念中世纪（指文艺复兴时期）的浪漫。因此，一些人希望通过艺术设计的手段来对抗在装饰艺术、家具、室内和建筑设计中的工业化风格，期望通过手工艺的方式，来改良工业化所造成的设计上千篇一律的乏味面貌，重建手工艺的价值，塑造出"艺术家中的工匠"或者"工匠中的艺术家"。

工艺美术运动的产生受到了艺术评论家约翰·拉斯金（John Ruskin，1819—1900）、建筑师普金（A. W. Pugin，1812—1852）等人的影响，参考了中世纪的行会制度。运动的时间大约在1859—1910年间，得名于1888年成立的艺术与手工艺展览协会（Arts and Crafts Exhibition Society）。一般认为，1861年威廉·莫里斯（William Morris，1834—1896）设计事务所的成立，拉开了工艺美术运动的序幕。

第二节　1851年的水晶宫国际工业博览会

水晶宫以无与伦比的机械独创性，创造出崭新的建筑秩序，具有最奇异和最美丽的效果。——《泰晤士报》，1851年。

19世纪中期，先后步入资本主义阶段的欧洲各国，为了加强国际贸易往来，国家间开始取消关税壁垒，鼓励出口贸易的发展。这时，通过产品和实物的展示宣扬工业成就，就成了各国促进贸易的重要手段之一，世界性的博览盛会也就应运而生了。

如果说18世纪后半叶的发明使制造业的材料、动力结构发生了根本上的变化，那么19世纪末期至20世纪前十年里，科学技术以其惊人的发展速度促动文化和社会的变革。为了展示和炫耀工业革命所带来的巨大成果，英国在19世纪中期提出了举办世界博览会的建议，并马上得到世界各国的积极响应。这次博览会由维多利亚女王的丈夫阿尔伯特亲王主持，普林斯·克恩索和亨利·柯尔（Henry Cole，1808—1882）两位爵士筹办。阿尔伯特亲王本人对工业设计和设计教育十分关注，他认为：艺术和工业创作并非是某个国家的专有财产和权利，而是全世界的共有财产。柯尔和普金等一些著名的建筑师和设计师，参与了组织实施以及展品的评审工作。世界博览会的地点选择在伦敦著名的海德公园（Hyde Park）内。展览建筑的设计方案，采用由博览会筹备委员会举办的全欧洲设计竞赛的优胜方案。当时，欧洲各国的建筑师们十分踊跃地参加比赛，筹委会共收到245个建筑方案。遗憾的是经过评审，根本没有能够满足耐火、采光、工期短等诸方面综合要求的建筑方案，主要原因在于，当时的建筑师只会采用传统的建筑材料和构造方式来设计传统样式的建筑。这时，英国建筑师约瑟夫·伯克斯顿（Sir Joseph Paxton，1801—1865）提出了一个新颖的、革命性的建筑方案——水晶宫，符合了各项要求。

在1852年出版的《1851年万国工业博览会在海德公园内建造的建筑》报告书中，作者查尔斯·唐斯写道：这个伟大的建筑由钢铁、玻璃和木头制成。最重的铸铁式梁架，长24英尺（约7.3米），没有一样大件材料超过1吨；锻钢是圆形、平形的钢条，有角钢、螺母、螺丝、铆钉和大量的铁皮；木头则用于一些梁或桁架、主水槽和帕克斯顿槽，以及顶部梁骨、车窗锁和横梁、底层走廊地板、指示牌和外墙；玻璃是平板或圆筒状，10×49英尺（约31×5米）的长方形，每平方英尺重16盎司（约450克）；3300个空心钢柱，同时作为平屋顶的排水管。为了解决玻璃上蒸汽凝结问题，帕克斯顿设计了长达34英里（约54公里）的专利水槽，并特别设计和制造了机器来生产；窗条栏杆等也用新发明的机器来上漆；在伯明翰的强斯兄弟生产了30万块玻璃，尺寸是当时最大的，他们还设计制造了安装玻璃的移动机器车，使工人能乘车在敞开结构上进行快速安装……由于创造性地采用了钢架玻璃外墙结构，"水晶宫"也由此得名，而且，其本身也成为博览会最成功的作品之一。图1和图2分别为水晶宫外观和内景。

图 1　水晶宫（帕克斯顿，1851 年）

图 2　水晶宫内景

图 3　伦敦世博会参展的花瓶（英，1851 年）　　　图 4　哈里森纺织机（英，1851 年）

水晶宫展出的展品中工业产品占了很大的比例，外形大都相当粗陋。工匠们尝试用一点装饰来加以弥补，例如把哥特式的装饰纹样刻到铸铁的蒸汽机体上，用油漆在金属椅子上画上木纹，洛可可风格的装饰构件在纺织机器上的大量使用等等。除此之外就是大量手工制作的艺术品，图 3 和图 4 分别为第一届世博会上展出的花瓶与哈里森纺织机。在这次展会上，参观者最感兴趣的是众多机器的发明，人们对各种机器的作用表现出极大的好奇。展出的机器有开槽机、钻孔机、拉线机、纺纱机、造币机、抽水机等，这些机器通过特别建造的锅炉所产生的蒸汽来驱动，让参观者领悟到了工业革命给世界带来的神奇变化。

参观过水晶宫展览之后，一些目光敏锐的批评家和艺术家也发现了问题，感到展出的工业品的设计普遍缺少美感。他们都是设计的先驱者，但大多也同时是工业化生产的反对者。他们把出现这些丑陋产品的主要原因归罪于机械化生产，成为一定意义上的机械否定论者。

1851 年的万国工业博览会震惊了整个世界。人们对这座通体透明、庞大雄伟的建筑大加赞赏，英国人也为水晶宫能开创世界建筑奇迹而感到无比荣耀和自豪。这座建筑在博览会结束后被完整地拆迁到了赛登汉（Sydenham），直到 1936 年毁于一场大火。

第三节　拉斯金的设计思想与莫里斯的实践

拉斯金对 1851 年伦敦水晶宫国际工业博览会的批评有着深远的影响。拉斯金本人是一位作家和批评家，从未实际从事过建筑和产品设计工作，主要是通过他那极富雄辩和影响力的说教来宣传其思想。当时，他对于"水晶宫"和其中的展品表示了极大的不满。在随后的几年中，他通过著书立说和演讲表达了他的设计美学思想。尽管他也承认，在目睹蒸汽机车飞驰长啸时怀有一种莫名的敬畏和茫然的感觉，并承认机器的精确与巧妙，但机器及其产品在其美学思想中却没有一席之地。他认为，只有幸福和道德高尚的人才能制造出真正美的东西，而工业化生产和劳动分工剥夺了人的创造性，因此不仅不可能产生好的作品，而且还会引发众多的社会问题，只有回归到中世纪的社会分工和手工艺劳动，才是唯一的出路。

拉斯金的设计思想主要包含以下几个方面。

1. 强调设计的重要性。拉斯金强调设计是与艺术相关，但性质又不完全相同的两个范畴，设计具有自身的特点，是仅靠美术无法解决的。

2. 强调设计的社会功能性、公共性。他认为设计必须为社会大众服务，而不是仅仅为权贵服务。他认为，当时的大多数艺术家已经脱离了日常生活，沉醉在对古希腊和意大利文艺复兴的回忆中。这种只能为少数人所理解、感动，而无法让人民大众接受的艺术是没有价值的，真正的艺术应该是为大众创作的。如果艺术创作者和使用者对某件作品不能产生共鸣，那么无论这件作品多么精美，它仍然只是一件十分无聊的东西。

3. 提出了现代设计的发展方向。拉斯金为设计指出两条出路：一是对现实的观察，二是需要具有表现现实的构思和创造能力。前者主张观察自然，后者则要求把这种观察应用到自己的设计中去。"向自然学习"是拉斯金的口号之一。由此可见，拉斯金的设计主张具有两个方面的内容，既强调设计功能与形式之间的紧密联系，同时又采用真正自然的形式，否定复古主义所强调的自然主义形式倾向。从这个角度来看，拉斯金是主张设计回归自然的最重要的理论家之一。

4. 实用性目的——功能主义原则。拉斯金认为，世界上最伟大的作品一定是适合于某一特定的环境场合，具备某种特定目的性的产品，那种非装饰性的所谓最高美术是绝对不存在的。

5. 肯定工业化和批量生产是不可避免的生产手段。面对工业化问题，拉斯金表现出十分肯定的态度。他曾经说过：工业与美术已经在齐头并进了，如果没有工业，也就没有美术可言。各位如果看看欧洲地图，就会发现，工业最发达的地方，美术也越发达。

作为早期的社会主义者，拉斯金的设计思想具有强烈的民主主义和社会主义色彩。他强调设计的民主特性，强调设计为大众服务，反对精英主义设计。但从全局来看，拉斯金的设计思想其实是非常混乱的，其中既包含了社会主义色彩，也包含了对大工业化的不安。具体表现在，他一方面强调为大众设计，另一方面则主张从自然主义和哥特风格中寻找出路。而后者所推崇的设计，与为大众设计的民主思想相去甚远。虽然他的实用主义思想与后来的功能主义思想仍有很大的区别，但是，他的主张和设想为当时的设计师提供了重要的思想指导。其中，受到他的思想影响最深刻，并且通过自己的设计实践体现了拉斯金精神的，是英国设计师威廉·莫里斯。

莫里斯出生在一个富有的家庭。在参观了 1851 年伦敦世界博览会之后，他对当时的设计状况十分痛心。莫里斯决心学习设计，他先后就读于万宝路大学和牛津大学的建筑系，刻意钻研古典建筑，了解了古典建筑的实质和精粹。在学习初期，他追求古典主义；后来受到拉斯金的一本著作《威尼斯的石头》的影响，产生了对哥特风格和自然主义风格的热爱。莫里斯从牛津大学毕业以后，进入专门从事哥特式风格建筑设计的事务所工作，主要从事建筑设计。在这段时间，所进行的设计实践使他对哥特式风格有了更加深刻的认识和了解。但是，由于婚期和参加了志在复兴中世纪风格的拉斐尔前派等原因，他离开了该事务所。拉斐尔前派是当时的一个艺术流派，其主要宗旨是反对当时英国画坛上的保守主义。在题材和风格上，他们主张忠实于自然，主张真实的、诚挚的"新艺术"风格，对于中世纪和哥特风格也情有独钟，因此，与拉斯金的理念和莫里斯的想法不谋而合。

当时，莫里斯很难找到让人满意的建筑和用品来开设工作室和建立新家庭，市场上的各种住宅或者用品，要么过于简陋，要么设计繁琐，新的工业用品则更显丑陋。因此，莫里斯决定自己动手设计和制作结婚所用的一切。他与菲利普·威柏（Philip Speakman Webb，1831—1915）合作设计了自己在伦敦郊区肯特郡的住宅——红屋（Red House）（图5），后者一反中产阶级住宅通常采用的对称布局、表面粉饰的常规。他们设计的住宅是非对称性的、功能良好（图6），同时完全没有表面粉饰；主体采用红色的砖瓦，既是建筑材料，也反映装饰动机；建筑结构完全暴露，同时也采用了不少哥特式建筑的细节特点，比如塔楼、尖拱入口等等。他们的设计具有民间建筑和中世纪建筑的典雅、美观以及反对追逐时髦的维多利亚风格的特点，受到了设计界的好评。红屋的设计体现了工艺美术运动在建筑设计方面的思想导向，同时也建立了其建筑设计的四条基本原则。

1. 在形状、装饰和材料上，每个室内空间都应该是结构和面的逻辑生成。其外立面暗含着中世纪的意向，通过暖调红砖块、不对称L形平面和窗户的随机组合，能够传达出热情的气息。

2. 室内空间都具有与它的功能相适应的个性，同时又必须是一个将房间连接的大主题的变调。对于红屋来说，各个厅室的大小和气氛虽然有所不同，但都在材料选择、细部处理和家具设计方面保持了一致性。

3. 室内空间能够如实地展现其结构元素。像楼厅里裸露的木材，支撑楼梯上空的带斜脊的天花板等，住宅将骨架犹如外表一样自豪地展现出来，让结构表现成为装饰的一部分。

4. 每间屋子，从最大的面积到最小的细节，在材料的使用上保持协调一致。在入口处，设计师使用花砖建造了经久耐用的通道，而柔软的木板则为休息室增加了美感。

红屋建成后，引起了设计界的广泛关注，使莫里斯感受到了社会对于好的、面向大众的设计的广泛需求。

1861年，莫里斯与朋友在伦敦的红狮广场创立了"莫里斯·马修·福克纳公司"，这是世界上最早的由艺术家领导的设计事务所。莫里斯的设计事务所为顾客提供各种各样的设计服务，包括家具、用品、地毯等，后来又发展到书籍的装帧设计，成为一个兼有建筑、室内、产

图 5 "红屋"（莫里斯，1860 年）

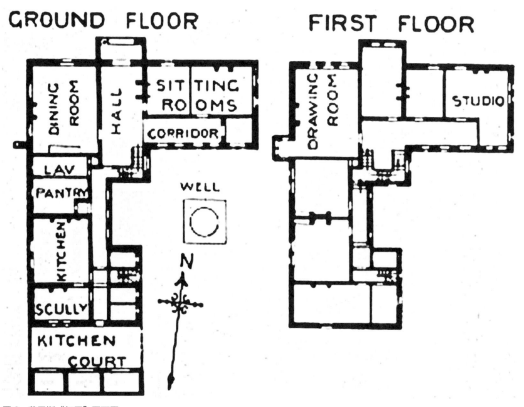

图 6 莫里斯"红屋"平面图

品、平面设计（图7）等多种内容的完整意义上的设计事务所。事务所也与企业联系，在与他们有关系的陶瓷、玻璃、地毯、印刷工厂中生产自己设计的产品，然后再提供给顾客。莫里斯的设计在风格上与当时流行的维多利亚风格大相径庭，展现出了设计上的一种崭新面貌。莫里斯设计事务所设计的金属工艺品、家具、彩色玻璃镶嵌、墙纸、挂毯、室内装饰品等，都具有非常鲜明的工艺美术运动风格的特征。

　　莫里斯的设计思想也是在这个时期逐渐成熟和完善的。受拉斯金的民主主义、社会主义思想的影响，他在设计上强调设计的服务对象，同时也希望能够重新振兴工艺美术的民族传统，反对矫揉造作的维多利亚风格。他强调设计应遵循如下两个基本原则：

　　1. 产品和建筑设计是为千千万万的人服务的，而不是专为少数人服务的活动；

　　2. 设计工作必须是集体性的活动，而不是简单的个体劳动。

　　这两个原则都在后来的现代主义设计流派中得到了发扬光大。

　　在具体设计上，莫里斯强调实用性和美观性的结合。对于他来说，实用但形式丑陋的设计并不是好的设计。为了达到这个目的，他坚持采用传统手工艺的方式、简单的哥特式和自然主义的装饰。尽管在设计风格的探索上取得了巨大的成功，然而，由于莫里斯所处时代的局限性，他不可能成为真正意义上的现代设计的奠基人。

图7　印花棉布图案（莫里斯，1876年）

第四节　工艺美术运动中的行会与设计师

莫里斯的设计以及其事务所的设计活动和他们所提倡的设计原则和风格，在英国和美国产生了相当大的影响。英国的年轻设计师们纷纷仿效莫里斯的方式，组织成立了自己的设计事务所，人们称之为行会（Guild）。由此一场设计史上真正的运动开始了，史称工艺美术运动，其所推崇的风格，被称为工艺美术运动风格。

一、工艺美术运动中的行会组织

英国历史上比较具有影响力的工艺美术运动行会组织有以下几个。

1. 世纪行会（The Century Guild），以杰出的设计师阿瑟·马克穆多（Arthur H. Mackmurdo，1851—1942）为首组成，成立于 1882 年。

2. 艺术工作者行会（The Art Workers Guild），由 5 个年轻的建筑师于 1884 年创立。

3. 手工艺行会（Guild of Handicraft），由杰出的设计师查尔斯·阿什比（Charles Robert Ashbee，1863—1942）为首组成，成立于 1888 年。

19 世纪 80 年代成立的这批设计事务所，距莫里斯设计事务所的成立近 20 年时间，大都是受到莫里斯设计思想的影响而产生的。其设计宗旨和风格也都与莫里斯非常接近，表现在对矫揉造作的维多利亚风格以及设计上的权贵主义的反感；反对机械和工业化特点，力图复兴中世纪手工艺行会的设计与制作一体化的方式，复兴中世纪的朴实、优雅和统一。这些设计师都努力在设计上体现实用性、功能性和装饰性的结合，在风格上吸取中世纪哥特风格、自然主义风格的优点，并把它们有机地糅合在一起；同时在平面设计上吸收东方文化的特点，讲究线条的运用和组织的完整性。这些行会组织对于工艺美术运动的普及做出了很大的贡献。

二、工艺美术运动中的著名设计师

1. 阿瑟·马克穆多

马克穆多的设计讲究装饰的整体感，具有强烈的自然主义特点。这一特点成为后来"新艺术"运动风格的基本特点之一。

图 5-8 是马克穆多设计的书籍扉页，对自然纹理线条的使用洒脱流畅，构图疏密有致；英文字母施加了变形，被镶嵌在自然曲线中，与蜿蜒伸展的花草有机地融合，形成了和谐的画面整体，这在英国的书籍装帧史上是一个大胆的突破。图 5-9 是马克穆多设计的椅子，除了在椅腿、椅面部分采用曲线弧面造型之外，大量取自藤蔓自然曲线的镂空造型被用来增强靠背的视觉美感，与后来的新艺术运动中流行的风格如出一辙。

世纪之交是马克穆多设计创作的鼎盛时期，他的设计起到了承上启下的作用，他是工艺美术运动晚期的重要代表人物和新艺术运动的开创者之一。

图 8　书籍扉页（马克穆多，1883 年）

图 9　椅子（马克穆多，1883 年）

图 10　银质水具（阿什比，1902 年）

图 11　银器（阿什比，1902 年）

2. 查尔斯·阿什比

阿什比的个人命运是整个工艺美术运动的一个缩影。他是一位有天分和创造性的银匠，主要从事金属器皿的设计制作。这些器皿一般都用榔头锻打成形，并饰以宝石，能反映出手工艺金属制品的精美特点。他在设计中，采用了各种纤细、自然起伏的线条，被认为是新艺术的先声。图 10 和图 11 分别为阿什比设计的银质水具和银器。

阿什比的"手工艺行会"最早设立在伦敦东区，在市区中心还设有零售部。1902 年，他为了解决"良心危机"[1] 问题，决意将行会迁至农村，以逃避现代工业城市的喧嚣，并按中世纪的模式建立了一个社区，在那里人们不仅生产珠宝、金属器皿等手工艺品，而且完全实现了莫里斯早期所描绘的"乌托邦"（Utopia）式理想化的社会生活方式。这场试验比其他设计行会在追求中世纪精神方面的做法都要激进，影响很大。但由于阿什比忽略了中世纪所有关键性的创造和发展均发生于城市这样一个基本事实，行会远离城市也就切断了它与市场的联系，并且手工艺也难以与机器大工业竞争，这次试验最终于在 1908 年以失败而告终。

3. 其他设计师

（1）工艺美术运动的另一个有影响的设计师查尔斯·沃赛（Charles Francis Annesley Voysey，1857—1941）是建筑师出身，主要从事室内与家具设计。他虽然受到莫里斯思想的影响，但对于中世纪哥特式风格从来没有过盲目的崇尚。1888 年，他利用自己通过做学徒积累的知识与技术，为自己设计了住宅。沃赛从 1882 年开始从事建筑以外的其他设计，包括纺织品和墙纸的设计。他设计的家具都比较简单、朴实，且少有中世纪风格的重复出现；在装饰上并不追求复杂，比较讲究清新、简朴的图案。他最著名的设计项目是为查理·伍德（Charley Wood）设计的住宅——果园住宅（The Orchard），用统一的风格对包括建筑、室内和全部家具用品在内的所有项目进行了全面的设计，于 1900 年完成。沃赛的设计作品是英国工艺美术运动鼎盛时期的代表作，继承和发扬了莫里斯的风格，具备了很高的完整度。从特点上看，沃赛的设计更加真实，也更容易被投入批量化生产；相比莫里斯，沃赛的设计实践显然更接近于工艺美术运动服务大众的精神实质。图 12 和图 13 分别为沃赛设计的火钳与煤铲和橡木椅。

（2）巴里·斯各特（Mackay Hugh Baillie Scott，1865—1945）也是当时颇有影响力的英国设计师，其设计的家具是英国工艺美术运动的杰出代表。与莫里斯和沃赛一样，斯各特的第一个设计项目也是自己的住宅。他于 1892 年在门恩岛的道格拉斯设计了自己的住宅红屋。他比较喜欢采用动物和植物的纹样来表现装饰动机，在家具上以凸出的线条勾勒出这些自然纹样，显得颇为典雅（图 14）。他的重要设计项目有为德国达姆斯塔德（Darmstadt）

---

1 良心危机是指工业革命初期，艺术家们指责大机器生产带来不负责任地粗制滥造的产品，以及其对自然环境的破坏，有悖于设计师的良心，史称良心危机。

图 12　火钳与煤铲（沃赛，　　　图 13　橡木椅（沃赛，1902 年）　　　图 14　扶手椅（斯各特，1900 年）
1900 年）

的赫斯大公设计的宫廷室内装饰和家具，完成于 1898 年，体现了他的上述设计特征。颇值得一提的是，其中的家具是在阿什比的手工艺行会中制作的。

除了上述设计组织和设计师以外，英国还有其他一些同时代的公司，比如伦敦的安布罗·斯希尔公司（Ambro Seheal）、西德尼·巴恩斯利（Sidney Barnsley，1865—1942）领导的肯顿公司（Kenton & Co.）等，也都对工艺美术运动设计风格的普及起到了一定的推动作用。

第五节　美国的工艺美术运动

从 19 世纪末开始，工艺美术运动已不仅仅局限于英国，它的影响已波及大洋彼岸的美国。当时，美国的设计界同英国一样，对无聊的装饰、矫饰造作的维多利亚风格的厌烦和对工业化的恐惧深有同感，同时，也有对手工艺的依恋和对日本传统风格的好奇。所有这些成就了美国的工艺美术运动——这是工业化时代的一个非常独特的插曲。

尽管美国的工艺美术运动是受到英国的影响才发展起来的，但其延续的时间要比英国的长很多，直到 1915 年前后才结束。英国工艺美术运动的几个重要的设计师，如阿什比等人，都访问过美国，向美国介绍了英国设计探索的成果，并为美国设计产品。与此同时，英国工艺美术运动的重要杂志《工作室》，也在美国的建筑界和设计界广为流传，这使得拉斯金、莫里斯等人的设计思想得到传播。受英国做法的影响，美国于 19 世纪末也出现了一系列类似英国行会式的设计组织，如波士顿工艺美术协会，于 1897 年在波士顿成立；1900 年，纽约的工艺美术行会成立，完全遵照英国工艺美术运动行会的方式运作；1903 年，威廉·莫里斯协会（William Morris Society）在芝加哥成立，主要研究英国工艺美术设计，以提高美国的设计水平。

美国工艺美术运动的代表人物主要有美国现代建筑设计最重要的先驱人物弗兰克·赖特（FrankLloyd Wright，1869—1959）、加利福尼亚的家具设计师古斯塔夫·斯提格利（Gustav Stickley，1858—1942）和洛杉矶地区的建筑设计师格林兄弟（Charles Sumner Greene，1868—1957 & Henry Mather Greene，1870—1954）等人。他们的设计宗旨和基本思想同英国工艺美术运动的代表人物相一致，但是却很少强调中世纪或哥特式风格特征，更加讲究设计装饰上的典雅，特别是东方风格的细节处理。

美国的设计与英国工艺美术运动产品设计，特别是家具设计的最大不同，就是具有明显的东方设计的影子。在英国的设计中，东方文化的影响主要存在于平面设计及图案上，而在美国的设计中，东方文化的影响是结构上的。如格林兄弟在加利福尼亚州洛杉矶地区的帕萨迪纳市为根堡家族设计的根堡住宅（The Gamble House，Pasadena，1904 年）（图 15），就具有典型的日本民间传统建筑的结构特点。建筑采用木构体系，吸收东方建筑和家具设计中装饰性地使用功能构件的特征，在保证柱结构功能性的同时强调其装饰性；强调日本建筑的模数体系和横向形式的特点。他们也从中国明式家具中吸收了大量的设计元素，作品无论是总体结构，还是局部的细部装饰，都带有浓厚的东方韵味。而且，大部分家具都采用硬木制作，对木材本身的色彩和纹理加以强调，造型简朴、装饰典雅，是非常优秀的设计作品。

斯提格利设计的家具与格林兄弟的设计类似，只不过他的设计比格林兄弟的更加雅致，对于东方艺术风格，特别是中国传统家具风格的了解尤为深刻，所以在家具设计上的成就十分突

图 15　根堡住宅（格林兄弟，1904 年）

出。他设计的家具无论是木结构方式，还是装饰细节，甚至于金属构件，都具有浓郁的东方特征，可以看到中国明代家具的影子（图16）。这是东西方在设计文化上比较早的碰撞所产生的结果之一。

斯提格利早年曾到欧洲各国游学，在英国的时候，受莫里斯和工艺美术运动的影响很大，回国以后将主要精力集中在家具设计上。受到沃赛的启发，斯提格利于1898年成立了以自己姓氏命名的公司，并着手设计制作家具，还出版了较有影响力的杂志《手工艺人》。他热衷于中国家具与日本家具的简洁与朴实的结构以及典雅的装饰手法，功能与装饰纹样吻合，因此作品把工艺美术风格的自然、朴实、大气与东方家具风格的典雅融为一体，取得了非常显著的成果。

赖特在这个时期的家具设计也具有类似的倾向。但与上述设计师不同的是，他重视纵横线条造成的装饰效果，而不拘泥于东方设计中细节的展现，这和当时苏格兰的一批叫作"格拉斯哥四人（Glasgow Four）"的设计师团队的探索比较接近。赖特是美国现代建筑和设计的最重要的奠基人之一。他的设计生涯很长，风格也在不断变化，其在19世纪末期设计的建筑，有明显的日本传统建筑的影子，而这个时期他所设计的家具，则与斯提格利的设计非常相似，有中国明代家具的特征（图17）。

图16　可调节座椅（斯提格利，1900年）

图17　高靠背椅（赖特，1895年）

美国的工艺美术运动中还有其他一些有影响的设计师和组织，比如家具设计师哈维·艾利斯（Harvey Ellis，1852—1904）以及艾尔伯特·哈巴特（Elbert Green Hubbard，1856—1915）组织的罗克罗夫特艺术组等等，其设计探索与斯提格利、赖特和格林兄弟相似。

美国的工艺美术运动设计师们，一方面在作品中表达出了强烈的、美国式的爱国激情，刻意追求一种新大陆、新兴强国的自我身份认同，另一方面也在积极追寻自己独立的个人特点。在工业设计史上，他们都被认为是来自美国的工艺美术运动的干将。

第六节　工艺美术运动的特点和意义

作为一场波及世界的设计改良运动，工艺美术运动具有以下几个特点：

1. 强调手工艺，明确反对机械化的批量生产；

2. 在装饰上反对矫揉造作的维多利亚风格和其他各种古典、传统风格的复兴；

3. 提倡哥特式风格和其他中世纪的风格，讲究简单、朴实无华、良好功能；

4. 主张设计的诚实、诚恳，反对设计上的哗众取宠、华而不实的趋向；

5. 在装饰上推崇自然主义，具有东方装饰的艺术特点，其大量的装饰都有东方式的特别是日本式的平面装饰特征，采用大量卷草、花卉、鸟类等作为装饰图案，使设计具有了一种特殊的品位。

工艺美术运动对于设计改革的重要意义在于：

1. 它最先提出了"美与技术结合"的原则，主张美术家应从事设计，反对"纯艺术"；

2. 工艺美术运动的设计，强调"师承自然"、忠实于材料和适应使用的目的，从而创造出了一些朴素而适用的作品。

但是，工艺美术运动也有其先天的局限性，譬如，它将手工艺推向了工业化的对立面，这无疑是违背历史发展潮流的，由此也使英国设计走了弯路。尽管英国是最早实现工业化和最早意识到设计重要性的国家，但却未能最先建立起现代工业设计体系，原因正在于此。

工艺美术运动并不是真正意义上的现代设计运动，因为莫里斯所推崇的是复兴手工艺，反对大工业生产。虽然莫里斯后来也看到了机器生产的发展趋势，如在他晚期的演说中承认，我们应该尝试成为"机器的主人"，把它用作"改善我们生活条件的一项工具"，但他一生致力的工艺美术运动却是反对工业文明的。值得一提的是，他提出的真正的艺术必须是"为人民所创造，又为人民服务的，对于创造者和使用者来说都是一种乐趣"及"美术与技术相结合"的设计理念，正是现代设计思想的精神内涵，后来的包豪斯和现代设计运动，就是秉承这一思想而发展起来的。

虽然工艺美术运动为工业设计创造了新的设计风格，提出了设计大众化、团队协作的设计原则，然而，对工业化的反对和对机械化、大批量生产的否定，注定了工艺美术运动不能成为领导潮流的主流设计风格。尽管如此，工艺美术运动仍不失为整整一代欧洲知识分子，对那个时代的设计的感受和反思的真实写照，其在设计方面所做的探索与实践，为后来的设计运动提供了宝贵的、可资借鉴的思想指导。

思考题

1. 简述工艺美术运动的起源与发展。

2. 试举出工艺美术运动中英、美代表性人物，并简述其设计风格。

3. 约翰·拉斯金的设计思想有哪些？工艺美术运动的风格特征有哪些？

4. 试述"水晶宫"的设计及其在工业设计史上的地位。

5. 简述美国的工艺美术运动。

6. 试述工艺美术运动对现代设计的影响。

7. 试从风格上总结工艺美术运动的特点，举例说明之。

延伸阅读

1. [丹] 阿德里安·海斯，西方工业设计 300 年，吉林美术出版社，2003 年。

2. 王受之，世界现代设计史（第 2 版），中国青年出版社，2015 年 12 月。

3. 陶云，西方艺术设计流派和设计思想，东南大学出版社，2007 年 6 月。

4. 高兵强，工艺美术运动，上海辞书出版社，2011 年 3 月。

第六章

CHAPTER 6
新艺术运动
（1880—1910）

新艺术运动（Art Nouveau），是19世纪末至20世纪初发生在欧洲的一场"装饰艺术"运动，波及十几个国家，其风格影响从建筑、家具、产品、首饰、服装、平面设计、书籍插图和字体设计，一直到雕塑和绘画艺术等领域，持续时间更是长达30余年，是工业设计历史上的一次非常重要、具有相当影响力的形式主义运动。新艺术运动以其对流畅、婀娜线条的运用、有机的外形和充满美感的女性形象著称。

新艺术运动本质上是英国"工艺美术运动"的深化与延续，是由古典走向现代设计运动的一个标志，也是近代设计史上一个不可或缺的转折与过渡阶段。

第一节　新艺术运动的背景与起源

从产生的背景来看，新艺术运动与工艺美术运动有诸多类似之处：它们都对矫饰的维多利亚风格持反对态度；都是对工业化风格的强烈反应；都旨在重新掀起对传统手工艺的重视和热衷；都摒弃传统装饰风格，而转向采用自然中的一些装饰元素，比如以植物、动物为中心的装饰风格和图案。日本文化，特别是日本江户时期的艺术与装饰风格和浮世绘，对新艺术运动的影响很大。同时，这两个运动也存在着一定的差异性：工艺美术运动比较重视中世纪的哥特式风格，把其作为重要的参考与借鉴来源；而新艺术运动则摒弃对任何一种传统装饰风格的崇拜，全面地转向自然风格，强调自然中不存在直线、没有完全的平面；在装饰上突出表现曲线、有机形态美，其装饰的动机则基本来源于对自然形态的感悟。

法国是新艺术运动的发源地。这场自1880年左右发起的运动，在法国的发展具有两个中心：一个是首都巴黎（Paris），另一个是南锡市（Nancy）。后者主要集中在家具设计上；而巴黎的新艺术运动则包罗万象，设计的范围包括家具、建筑、室内、公共设施装饰（特别是巴黎地铁站入口）、海报和其他平面设计。运动之后蔓延到荷兰、比利时、意大利、西班牙、德国、奥地利、斯堪的纳维亚国家、中欧各国乃至俄罗斯，也跨越大西洋影响了美国，成为了一场影响广泛的国际设计运动，后来逐步为现代主义运动和装饰艺术运动所取代。

严格地来讲，新艺术运动只是一场运动，而不是一个风格。其理由是，尽管这场运动在欧洲各国产生的背景相似，但所表现出的风格却又各不相同。因此，如果把新艺术看作是一个统一的装饰和艺术风格，那就很难了解它的真实面貌。例如，在苏格兰设计师察尔斯·麦金托什（Charles Rennie Mackintosh，1868—1928）的家具设计与西班牙建筑师安东尼·高迪（Antoni Gaudi i Cornet，1852—1926）设计的建筑之间，很难找出其中的联系；同样是法国的新艺术设计，巴黎派与南锡派的风格也存在很大的差异；从美国蒂凡尼公司（Tiffany & Co.）的灯具到奥地利画家古斯塔夫·克里姆特（Gustav Klimt，1862—1918）的绘画，其间的区别也是巨大的。但是从发生的时间、背景、根源、思想和影响因素等方面来考察，它们又有着千丝万缕的关系，同属于一场运动。

从意识形态来看，新艺术运动是知识分子中的部分精英，在工业化迅猛发展、过分装饰风格泛滥的双重前提下，开展的一次不成功的设计改良的尝试。尽管如此，这场运动留下的大量具有艺术特色的建筑、室内、纺织品、工艺美术品等的设计，为 20 世纪初期的设计开创了一个有声有色的新局面，在传统设计与现代设计之间起到了承上启下的重要作用。

第二节　法国的新艺术运动

法国的新艺术运动早在 19 世纪末就已经开始酝酿了。在 1900 年的巴黎世界博览会上，法国的新艺术运动已初现端倪，从那个时候起，法国的这场设计运动历时 20 余年。这场运动得名于法国家具设计师萨穆尔·宾（Samuel Bing，1838—1905）于 1895 年开办的设计事务所的名字——"新艺术之家"（La Maison Art Nouveau），评论家取其中"新艺术"为名，来命名这次席卷欧美的设计运动。

由桥梁工程师亚历山大·古斯塔夫·埃菲尔（Alexandre Gustave Eiffel，1832—1923）于 1889 年设计的埃菲尔铁塔（图 1），堪称法国新艺术运动的经典设计作品之一。

这一纪念碑性质的建筑坐落于塞纳河畔，是法国政府为了显示法国革命以来的成就而建造的。塔高 328 米，由 4 根与地面成 75 度角的巨大钢梁支撑着高耸入云的塔体，呈抛物线形跃上蓝天。全塔共用巨型梁架 1500 多根、铆钉 250 万颗，总重量达 8000 吨。这一建筑象征现代科学文明和机械的威力，预示着钢铁时代和新设计时代的来临。

图 1　巴黎埃菲尔铁塔（埃菲尔，1889 年）

一、巴黎的新艺术运动

巴黎是 19 世纪末和 20 世纪初现代艺术及设计最重要的中心，几乎所有重要的现代艺术和设计运动都同它有着密切的联系。客观上，作为法国的首都，巴黎不仅集中了来自法国各地的精英，同时也是世界精英的荟萃之地。世界各国的设计新动向都很容易地被巴黎感觉到，同时得到积极的反应。新艺术运动在这里产生和发展是非常自然的，因为当时这里的知识分子，对于机械化生产、大工业的反感，以及对于长期矫揉造作的维多利亚风格垄断的反感，已经非常强烈，而源自英国的工艺美术运动又提供了一个观念上可以参考、借鉴的榜样。其实对新的设计形式的探索自 1895 年前就已经开始了，到了 20 世纪初，这场运动已然发展得蔚为壮观。

巴黎的新艺术运动有几个重要的设计中心，它们大都是从事家具设计的事务所。其中，影响最大的、位于巴黎的新艺术运动设计中心有三个，即萨穆尔·宾的"新艺术之家"设计事务所、"现代之家"设计事务所和六人集团。

1. 新艺术之家

萨穆尔·宾是一个出版商、贸易商，对日本艺术和日本手工艺非常入迷，曾经专程去日本体验日本艺术，并且收集了相当数量的日本工艺美术品。在此期间，他受美国设计师路易·蒂凡尼（Louis Comfort Tiffany，1848—1933，日后成为美国新艺术运动大本营的蒂凡尼百货公司之奠基人和重要的产品设计师）的影响非常深刻。蒂凡尼提出的要把工业生产方式与艺术表现结合起来，启发了他的设想，即要批量生产新的、具有强烈艺术特征的产品。1888 年，萨穆尔·宾出版了一份杂志《日本艺术》（Le Japon Artlstique），宣传他所喜欢的日本艺术和工艺美术。1895 年，萨穆尔在巴黎普罗旺斯路 22 号开设了名为"新艺术之家"的工作室与设计事务所，他出资支持几位重要的设计师从事新艺术风格

图2　橱柜（盖拉德，1900 年）

的设计，其中包括乔治·德·方列（Georges de Feure，1868—1943）、爱德华·科洛纳（Edward Colonna，1862—1948）和尤金·盖拉德（Eugène Gaillard，1862—1933），并于 1900 年集体展出了新艺术之家的家具作品（图2）。展出的作品具有强烈的自然主义倾向，模仿植物的形态和纹样，取消直线，刻意强调有机形态。这是该中心最成功和影响最大的一次展览，"新艺术"这个名称也不胫而走。1905 年，萨穆尔·宾去世，新艺术之家也随之解散。

2. 现代之家

现代之家是巴黎新艺术运动另一个重要的设计集团，核心人物是朱利斯·迈耶 – 格拉斐（Julius

Meier-Graefe，1867—1935）。与萨穆尔·宾一样，迈耶 – 格拉斐也是一个热衷于自然风格的设计赞助人。1898 年，他在巴黎开设了称为"现代之家"的设计事务所和展览中心，从设计到制作，为顾客提供新艺术风格的家具、室内装饰和用品。现代之家集中了几位重要的设计师，包括阿贝尔·兰德利（Abel Landry，1871—1923）、保罗·佛洛特（Paul Follot，1877—1941）和毛利斯·迪佛雷纳（Maurice Dufrene，1876—1955）等三位，他们的设计风格与新艺术之家的设计风格大同小异，无论是从观念上还是从形式特征上都很近似。然而，现代之家存续的时间并不长，很快就解体了。

3. 六人集团

六人集团成立于 1898 年。顾名思义，它是由六个设计师组成的松散的设计团体。由于其杰出的设计，在影响力方面他们比上面的两个组织要大得多。这六个人包括亚历山大·察平特（Alexandre-Louis-Marie Charpentier，1856—1909）、查尔斯·普伦密特（Charles Plumet，1861—1928）、托尼·塞尔莫斯汉（Tony Selmersheim，1871—1971）、赫克托·吉马德（Hector Guimard，1867—1942）、乔治·霍恩切尔（George Hoentschel，1855—1915）和鲁帕特·卡拉宾（François-Rupert Carabin，1862—1932）。他们在设计理念上比较一致，都强调自然主义，提倡回归自然，在设计风格上也非常接近，比如都采用植物纹样、曲线作为设计的风格特征，这种趋向在他们的作品中表现得非常鲜明、突出。

建筑师出身的吉马德是六人中最为著名的一个。他早期从事建筑设计，后来逐渐转向新艺术风格探索。其设计的黄金时期在 1890—1905 年左右。1905 年以后，他的作品逐渐变得过于繁杂、虚华、矫揉造作，从而脱离了原来的轨道。他设计的大量家具与家庭用品，都具有鲜明的新艺术风格特征：在设计上大量采用植物的缠枝花卉为装饰，造型奇特；刻意在木制家具上摆脱简单几何造型，而模拟自然的形状。他的作品因为有太多的自然主义装饰细节，基本上没有办法批量生产。事实上，在产品制作的时候，吉马德只能亲自动手处理细节装饰。因此，他的家具也被视为雕塑式的艺术品。吉马德最重要的作品不是他设计的家具，而是他为巴黎地铁站设计的一系列入口（图3）。这些建筑结构大多采用青铜和其他金属

图3 巴黎地铁站入口（吉马德，1896 年）

铸造，充分发挥自然主义的特点，入口的顶棚和栏杆都模仿植物的形状，特别是扭曲的树木枝干和缠绕的藤蔓。这些地铁站入口深得巴黎市民的喜爱，迄今仍保留完好。因为巴黎的地铁俗称为大都会地铁系统，因此，大都会的法文名称——"Metro"也被法国人用来作为对新艺术运动风格的别称。

二、南锡的新艺术运动

以家具设计与制造为主的南锡市，是法国新艺术运动的另一个重要的中心，代表人物是设计师艾米尔·盖勒（Émile Gallé，1846—1904）。

作为家具设计师的盖勒，早在 1880 年就开始了对新艺术风格的探索。他对于家具的设计和生产具有很丰富的经验，很早就希望能够把家具设计与工业生产结合起来，以达到更高的水平。他用相当长的一段时间设计家具，以参加 1889 年巴黎的国际博览会。虽然这批家具还不够成熟，但已显示出他的设计倾向。与巴黎的设计师不同，他善于利用各种不同的木材做镶嵌，以达到装饰的目的。对材料的选择和关注是新艺术运动的特色之一，盖勒的作品就是对这一特色的很好的诠释。至于装饰图案，他采用的也是循规蹈矩的新艺术风格：大量的植物和动物纹样，采用曲线、避免直线，自然主义风格表现非常强烈。

在玻璃器物的设计上，盖勒大胆探索与材料相应的各种装饰，形成了一系列流畅和不对称的造型，以及色彩丰富、精致的表面装饰，显示了对圆形的偏爱、对线条运用的娴熟和对花卉图案处理的高超技能。他常用的图案是映现在乳白色肌理上的大自然的花朵、叶子、植物枝茎、蝴蝶和其他带翼的昆虫，以异乡植物和昆虫形状为装饰，鲜花怒放和花叶缠绕的画面构成了这些作品独特的视觉艺术效果，具有象征主义的特征（图 4）。

图 4　水晶雕刻花瓶（盖勒，1900 年）

图 5　睡蝶床（盖勒，1886 年）

盖勒的设计风格受到了日本装饰的影响。他的一些设计采用日本的图案，而其木料镶嵌的风格，也受到了日本平面设计风格的影响。他设计的不少家具都利用了木料和其他材料的镶嵌，如采用螺钿镶嵌，这显然是受到东方家具，特别是日本和中国家具装饰的影响。设计于 1886 年的"睡蝶床"（图 5）是盖勒家具设计的代表作，蝴蝶身体和翅膀所使用的玻璃和珍珠母传达了薄皮肌肤；木头黑白交替图纹则再现了翅翼的斑纹，显得典雅且高贵。

盖勒的设计思想具有强烈的自然主义倾向。他在 1900 年 11—12 月的《装潢艺术》双月刊上，发表了一篇题为"根据自然装饰现代家具"的文章，阐明了自己对家具设计的看法和原则，认为自然的风格、自然的纹样应该成为设计思考的来源；提出了设计装饰的主题要与设计的功能一致的原则。可以说，盖勒是法国新艺术运动中，最早提出在设计中必须考虑功能重要性原则的设计师。无论他的设计是否真的实现了这个原则，这种观念本身在设计史上就是很有意义的。

盖勒是南锡设计集体的首脑，其设计思想和家具设计风格不仅仅影响着南锡地区，同时在巴黎、法国全国和欧洲其他国家也产生了很大的影响。但他的手工艺回归思想和自然主义设计倾向，也导致其设计往往无法实现大规模批量生产。

第三节　比利时的新艺术运动

自 19 世纪初以来，布鲁塞尔就已是欧洲的文化和艺术中心之一，比利时也是欧洲大陆工业化最早的国家之一。比利时的新艺术运动的规模和影响仅次于法国，主要的设计组织有 1884 年成立的"二十人小组"和后来由它改名的自由美学社。在比利时设计史上，新艺术运动也被称为先锋派运动，最富有代表性的人物有两位，即维克多·霍尔塔（Victor Horta，1867—1947）和亨利·凡·德·威尔德（Henry van de Velde，1863—1957）。

霍尔塔是一位建筑师，他在建筑与室内设计中，喜用葡萄蔓般相互缠绕和螺旋扭曲的线条，这种起伏有力的线条成了比利时新艺术的代表性特征，被称为"比利时线条"或"鞭线"。霍尔塔的建筑设计风格有两个明显的特征：一是注重装饰，受自然植物启发的"鞭线"到处可见，在墙面装饰、门和楼梯上十分突出；二是建筑暴露式钢铁结构和玻璃面。于 1894 年建成的塔塞尔公馆（Hôtel Tassel），是霍尔塔早期的代表作之一。该建筑设计的基础是叶、枝、涡卷等精细图案构成的起伏运动，室内遵循华丽的新艺术设计，门厅和楼梯带有彩色玻璃窗和马赛克瓷砖地板，饰有盘旋缠绕的线条图案，与熟铁栏杆的盘绕图案、柱子和柱头、脊突拱廊以及楼梯圆形轮廓相呼应，整体和谐统一。霍尔塔于 1893 年设计的布鲁塞尔都灵路 12 号住宅——霍尔塔公馆（Maison & Atelier Horta）（图 6、7），是其设计生涯的巅峰之作，也是新艺术建筑的里程碑。

凡·德·威尔德是比利时在 19 世纪末和 20 世纪初叶最为杰出的设计师、设计理论家、建筑师。他最初从事过艺术创作，做过画家，之后学习建筑，成为了一名建筑师。1890 年，他在结婚的时候，遇到与威廉·莫里斯相似的遭遇，因无法找到理想的、合适的产品，而被迫自己动手设计结婚用的家具、用品和室内装潢，从而开始走上了设计的道路。他认为，当时所流行的设计状况是一种"虚伪形态"，设计既没有动力又没有思想，为形式而形式的形式主义泛滥，必须通过一系列设计改革加以纠正，否则社会与民族传统本身将遭受严重的损害。

凡·德·威尔德在比利时时期，主要从事家具、室内和染织品设计，也从事一些平面设计工作。从装饰的角度看，他的平面设计和纺织品纹样中，大量采用各种曲线，特别是花草枝蔓，纠缠不清地组成复杂的视觉图案（图 8）。在 20 世纪初，他曾在巴黎萨穆尔·宾的"新艺术之家"担任产品设计工作（图 9），对源于法国的这场运动的特征有着深刻的体会，逐渐形成了自己的新艺术风设计格。在这个时期，他参加的巴黎现代之家的室内设计工作，已经达到了法国新艺术运动设计的最高水平，设计思想也逐渐走向成熟。

与许多强烈反对现代技术和机器生产的新艺术运动设计师的观点不同，凡·德·威尔德支持新技术。他曾经说："技术是新文化产生、发展的重要动力，根据理性结构原理所创造出来的完全实用的设计，才能够真正实现美的第一要素，同时也才能取得美的本质。"凡·德·威尔德第一次明确地提出了设计中"功能第一"的原则。为了宣传自己的设计思想，他于 1902—1903 年期间，在欧洲各地进行学术讲座，发表了大量关于设计的论文，覆盖了从建筑设计到产品、平面设计等多个领域，传播新的设计思想，主张艺术与技术的完美结合，反对无视功能的纯装饰主义和纯艺术主义。

1906 年，凡·德·威尔德注意到了设计教育对于设计运动发展的重要作用，在德国魏玛市得到了开明的魏玛大公的支持，创办了以设计教育为主的学校——魏玛工艺与实用美术学校（包豪斯设计学院的前身），开始了他的设计教育探索。1907 年，这所学校成为了德国公立学校，一直持续到第一次世界大战爆发的 1914 年。从这个意义来讲，凡·德·威尔德应该是包豪斯的最早创始人之一。与此同时，他还积极投身德国的现代设计运动，是德国最早的设计协会——德意志制造联盟（Deutscher Werkbund）[1] 的创始人之一，在德国有着举足轻重的地位。

---

1 德意志制造联盟（Deutscher Werkbund），是 1907 年于慕尼黑成立的一个由艺术家、建筑师、设计师、企业家和政治家组成的、德国第一个设计组织。

图 6　霍尔塔公馆（霍尔塔，1898 年）

图 7　霍尔塔公馆楼梯扶手（霍尔塔，1893 年）

图 8　招贴画（凡·德·威尔德，1900 年）

图 9　银质刀叉（凡·德·威尔德，1900 年）

在德国魏玛时期，凡·德·威尔德的设计思想又有了进一步的发展。他认为，机械如果能够得到适当合理的运用，是可以引发建筑与设计的革命的。他提出了产品设计结构合理、材料运用严格准确、工作程序明确清晰这三个设计的基本原则，希望能借此达到工业与艺术完美结合的最高目标。

从设计史学观点看，凡·德·威尔德的意识与同时代新艺术运动的其他设计师们相比，具有一定的先进性。他不仅仅是比利时现代设计的开创者，也是世界现代设计的先驱之一。他对于机械的肯定、对设计原则的理论贡献以及他的设计实践，使他成为了现代主义设计思想的奠基人。

第四节　西班牙的新艺术运动与安东尼·高迪

新艺术运动在欧洲各地有不同的表现，然而，最为极端、最具有宗教气氛的新艺术运动却出现在地中海沿岸地区，特别是在西班牙的南部地区。其中，最有代表性的是在西班牙的巴塞罗那地区，而其最重要的代表人物，也可能是唯一重要的西班牙新艺术运动的代表人物，就是建筑师安东尼·高迪。对于他和他的设计探索的了解，有助于加深对新艺术运动精神的认识。

高迪于1852年生于西班牙一个铜匠家庭中，出身卑微。17岁时他到巴塞罗那去学习建筑，课余时间在建筑公司打工的经历，给了他大量的建筑实践经验，对其日后的设计生涯起到了非常积极的作用。为了使自己的建筑素描看起来更加真实，他在素描上添加了不少环境细节，以增强气氛。在学习的最后一段时期，他已经开始撇开常规的建筑规范，进而寻求自己的发展方向了。

高迪早期的设计不单纯复古，而是采用折中处理，混合利用各种材料。这种风格的典型设计是建于1883—1888年间位于巴塞罗那卡罗林区的文森公寓。在这个设计中，墙面大量采用釉面瓷砖作镶嵌装饰处理。从中年开始，高迪的设计中出现了大量哥特式风格的特征，并将新艺术运动的有机形态、曲线风格发展到了极致，同时又赋予作品一种神秘、传奇的隐喻色彩，在其看似漫不经心的设计中表达出复杂的情感。高迪最富有创造性的设计是巴特洛公寓（The Casa Batllo），该公寓房屋的外形象征海洋生物的细节，整个大楼一眼望去就让人感到充满了革新味。构成一、二层凸窗的骨形石框、覆盖整个外墙的彩色玻璃镶嵌及五光十色的屋顶彩砖，呈现了一种异乎寻常的连贯性，赋予大楼无限生气。公寓的窗子被设计成看似从墙上长出来的，造成了一种奇特的起伏效果。之后，他在设计的米拉公寓（The Casa Mila）（图 10）上，进一步发挥了巴特洛公寓的形态，建筑物的正面被处理成一系列水平起伏的线条，这样就使得多层建筑的高垂感与表面水平起伏相映生辉。公寓不仅外部呈波浪形，内部也没有直角，包括家具在内（图 11），都尽量避免采用直线和平面。由于跨度不同，其使用的抛物线拱产生出不同高度的屋顶，形成了无比惊人的屋顶景观，整座建筑好像一个融化的冰激凌。米拉公寓由于风格极端，引起了巴塞罗那市民的指责，报纸以各种诨名来攻击这个设计，比如采石场的房子（The Quarry House）、大黄蜂的巢（The Hornets' Nest）等。

　　高迪最重要的设计还是他为之投入 43 年之久，并且至死仍未能够完工的圣家族大教堂（Sagrada Familia）（图 12）。该教堂始建于 1881 年，高迪于 1883 年接手主持设计与建造。其间，它由于财力不继多次停工，直至高迪 73 岁（1926 年）去世时，教堂仅完工了不到

四分之一（预计将于 2026 年，即高迪逝世的百年纪念之时完工）。教堂的设计融入了中世纪哥特式和新艺术运动的建筑风格，原设计有 12 座尖塔，最后只完成 4 座。尖塔保留着哥特式的韵味，但结构已简练很多；教堂内外布满钟乳石式的雕塑和装饰件，上面贴以彩色玻璃和石块，仿佛神话中的世界一般（图 13）。整座教堂从上到下看不到一条直线、一点

图 10　米拉公寓（高迪，1906 年）

图 11　扶手椅（高迪，1889 年）

图 12　巴塞罗那圣家族大教堂（高迪，1883 年）

图 13　圣家族大教堂内穹顶（高迪，1883 年）

清楚的规则，弥漫着向世界的工业化风格挑战的气息。大教堂在设计上已经突破了传统的宗教建筑设计规范的限制，把强烈的艺术欲望通过宗教建筑显示出来，产生了一种奇思妙想的怪异形式，并以独具一格的构型而闻名于世，成为当地的地标性建筑。

1926 年 6 月 12 日，西班牙最伟大的建筑设计师安东尼·高迪在巴塞罗那去世，追悼会在他设计的圣家族大教堂举行。高迪是西班牙，特别是他的家乡卡塔兰地区最受尊敬的建筑大师，因此巴塞罗那政府和罗马教皇都一致同意把他安葬在这个教堂里，以表达对他的敬意。

第五节　麦金托什与维也纳分离派

新艺术运动在欧洲大陆风起云涌的同时，在英国和奥地利也有所发展。其间，苏格兰的察尔斯·麦金托什和奥地利的维也纳分离派组织较有代表性。

一、麦金托什的设计风格

虽然英国的新艺术运动没能像工艺美术运动那样造成巨大的国际影响，但在苏格兰格拉斯哥市的青年设计师麦金托什与他的合伙人赫伯特·马克内尔（James Herbert MacNair，1868—1955）和麦当娜姐妹（Frances MacDonald，1873—1921 & Margaret Macdonald，1864—1933）组成的格拉斯哥四人的探索，却得到了国际性的认可。这也是新艺术运动中一个非常具有特点的插曲。

麦金托什于 1884 年开始接受英国典型的维多利亚式建筑体系教育，擅长古典雕塑和建筑素描。毕业以后，他加入了霍尼曼与凯柏（Honeyman & Keppio）建筑事务所，虽然表现杰出，但是独立设计并不多，也没有形成自己的风格。麦金托什早期设计风格的形成，在很大程度上是受到日本浮世绘的影响。他对于日本绘画中线条的使用方式非常感兴趣，特别是日本传统艺术中的简单直线，通过不同的编排、布局、设计，取得非常好的装饰效果，这使他改变了认为只有曲线才是优美的、才能取得杰出设计效果的想法，从此对流行的新艺术运动的宗旨和原则开始有了怀疑，继而通过设计实践进行修正、改造对设计的原有认识。他的这种设计上的修正过程是从平面设计上开始的。他于 1896 年前后设计的海报，多采用纵横直线为基本的元素，然后用曲线将其相交的部分流畅地连接起来，比如这一年设计的《苏格兰音乐巡礼》和《格拉斯哥美术学院》的两种海报，就有这些特点。其设计大胆地采用以黑色为主色，而新艺术运动对于黑色和白色是比较忌讳的，因为这两种中性色彩代表了机械色彩，是从英国工艺美术运动一直到新艺术运动都反对的内容之一。

　　麦金托什早期的建筑设计，一方面受英国传统建筑的影响很大，另一方面则受追求简单纵横直线形式的影响。他的作品于1897年发表在英国的《工作室》杂志上，并没有引起设计界的重视。一年以后，德国杂志《装饰艺术》（Dekorative Kunst）上发表了一篇文章介绍他的作品，随即引起了广泛的注意。德国和奥地利的设计界对其设计非常感兴趣，因而邀请他为1900年举办的维也纳分离派第八届设计展览进行室内设计。他的设计具有极其鲜明的个性，特别是几何形态与有机形态的混合使用，简单而具有高度装饰味道的平面设计特征，与分离派的追求有异曲同工之妙，由此受到极大的欢迎和赞赏，其设计成就也通过这次展览得到了世界范围内的认可。

　　在室内设计上，麦金托什基本采用直线和简单的几何造型，同时采用白色和黑色为基本色彩计划（图14），细节稍许采用自然图案，比如花卉藤蔓的形状，以达到既有整体感，又有典雅的细节装饰的目的。他的比较重要的室内设计项目包括格拉斯哥南园路的一座住宅建筑、格拉斯哥美术学院的内部设计、格拉斯哥希尔家族住宅（1902—1903）以及杨柳茶室等。除了室内设计之外，他为这些项目设计的家具，特别是椅子、柜子、床等，都非常杰出。其著名的高靠背椅（图15）设计，完全是黑色的高靠背造型，非常夸张，是格拉斯哥四人风格的集中体现，至今还广受喜爱。

图14　座钟（麦金托什，1917年）

图15　高背椅（麦金托什，1902年）

在产品设计和装饰设计方面，麦金托什为杨柳茶室设计的彩色玻璃镶嵌、各种金属建筑构件、餐具和其他金属制品，都采用其一贯的设计风格特色，不但广受欢迎，而且还影响了一大批新艺术运动的设计师，从德国"青年风格"派、维也纳分离派到美国设计师弗兰克·赖特的作品中，人们都可以看得到这种影响。

麦金托什与"格拉斯哥四人"，代表了新艺术运动的一个重要的发展分支。新艺术运动设计主张曲线，主张自然主义的装饰动机，反对用直线和几何造型，反对黑白色彩计划，反对机械和工业化生产；而麦金托什则刚好与之相反，主张运用直线、简单的几何造型，讲究黑白等中性色彩计划的使用。他的这种积极探索为机械化、批量化、工业化的形式奠定了可能实现的基础。因此，可以说麦金托什是从新艺术运动向现代主义运动过渡时期的一个关键性人物。

二、维也纳分离派

成立于 1897 年，宣称要与旧传统决裂的维也纳分离派，是由一群先锋派艺术家、建筑师和设计师组成的团体，是当时欧洲无数的新艺术运动的组织之一，其口号是"为时代的艺术——艺术应得到自由"。代表人物有奥托·瓦格纳（Otto Koloman Wagner，1841—1918）、约瑟夫·霍夫曼（Josef Hoffmann，1870—1956）、科罗曼·莫塞（Koloman Moser，1867—1918）和约瑟夫·奥尔布里奇（Joseph Maria Olbrich，1867—1908）。奥尔布里奇为 1897 年维也纳分离派年会设计的"分离派之家"（图 16），外表由一系列长方形和其支撑的圆屋顶构成，朴实的平面配以局部平叶饰，被认为以几何形的结构和极少的装饰概括了分离派的典型特征。大片留白的建筑物入口上方有着这样两行金色的大字："Der Zeit ihre Kunst. Der Kunst ihre Freiheit."（致时代，属于它的艺术；致艺术，属于它的自由。）

维也纳分离派是由早期的维也纳学院派发展而来的。在新艺术运动影响下，奥地利形成了以维也纳艺术学院教授瓦格纳为首的维也纳学院派。面对工业时代的冲击，瓦格纳逐步形成了新的设计观点。他认为，新结构、新材料的出现必将导致新形式的出现，并反对重演历史式样。霍夫曼等三人都是瓦格纳的学生，也是维也纳学院派的重要成员。

霍夫曼本人的设计风格深受麦金托什的影响，喜欢规矩的垂直形式构图，并逐渐演变成了方格网，形成了自己鲜明的风格，并由此而获得了"棋盘霍夫曼"的雅称。霍夫曼于 1903 年发起成立了维也纳生产同盟（Wiener Werksttate，1903—1932），一个类似于莫里斯设计事务所的手工艺工厂。他为生产同盟所设计的大量金属制品（图 17）、家具（图 18）和珠宝，都采用了正方形网格的构图。1905 年，霍夫曼在为生产同盟制定的工作计划中声称："功能是我们的指导原则，实用则是我们的首要条件。我们必须强调良好的比例和适当地使用材料。在需要时我们可以进行装饰，但不能不惜代价去刻意追求它。"从这

图 16　分离派之家（奥尔布里奇，1897 年）

图 17　金属花篮（霍夫曼，1905 年）

图 18　可调节扶手椅（霍夫曼，1906 年）

些话语中，我们能够发现现代设计的一些特点。但是，他这种对待设计的态度很快就发生了变化，尤其是在第一次世界大战后，霍夫曼的风格从规整的线性构图转变成了繁杂的有机形式，从此走向下坡路，维也纳生产同盟也随之解散。

第六节　新艺术运动的特点与作用

新艺术运动展示了欧洲作为一个统一文化体的最后的辉煌，也被许多设计批评家和鉴赏家看作是在艺术和设计上最后的欧洲风格。从此以后，欧洲几乎再也没有出现这种地域和范围广泛的艺术运动。

尽管在新艺术运动中各流派在风格上差别很大，但其有如下共性特征：

1. 强调手工艺，但不反对工业化；

2. 开创全新的自然装饰风格，完全摒弃对传统风格的继承；

3. 倡导自然形态，强调自然中不存在直线和平面，装饰上突出表现曲线和有机形态；

4. 装饰上受东方风格影响，尤其是受日本江户时期的装饰风格与浮世绘的影响较大；

5. 探索新材料和新技术带来的艺术表现的可能性。

从产生的背景来看，新艺术运动与工艺美术运动有诸多类似之处：

1. 它们对矫饰的维多利亚风格和其他过分装饰风格都表示反对；

2. 都对工业化风格反应强烈；

3. 都旨在重视富有美感的传统手工艺的回归；

4. 都摒弃传统装饰风格，而转向采用自然中的一些装饰元素，比如以植物、动物为中心的装饰风格和图案；

5. 都受到东方文化，特别是日本江户时期的艺术与装饰风格和浮世绘的影响。

同时，这两个运动也存在着一定的差异性：

1. 工艺美术运动比较重视中世纪的哥特式风格，把其作为重要的参考与借鉴来源；

2. 新艺术运动则摒弃对任何一种传统装饰风格的崇拜，包括中世纪的哥特式风格，全面地转向自然风格，其装饰的动机则基本来源于对自然形态的感悟。

就设计对象来说，新艺术运动的内容几乎涉及所有的艺术领域，包括建筑、家具、服装、平面设计、书籍插图以及雕塑和绘画，以运用曲线和非对称性的线条见长，这些线条大多取自花梗、花蕾、葡萄藤、昆虫翅膀、充满美感的女性线条等自然界中优美的有波状曲线的形体。尽管新艺术运动中展现出的风格因不同流派而迥异，但他们试图打破纯艺术和实用艺术之间的界限，达到功能、艺术和技术的高度统一的努力却是始终如一的。

从设计史论的观点来看，新艺术运动是传统设计向现代设计过渡不可或缺的关键环节，其在设计理论和设计实践上的有益探索，为现代设计的诞生与发展奠定了良好的基础。

思考题

1. 简述新艺术运动的发生、发展过程及其典型特征。

2. 试论述新艺术运动的得失及其对后世设计的影响。

3. 新艺术运动与工艺美术运动有何异同？为什么说新艺术运动在现代设计史上起到了承前启后的作用？试举例这种作用具体表现在哪那些方面。

4. 简述麦金托什设计的特点，试分析其得到当时的社会承认的原因。

5. 简述维也纳分离派设计的特点。

6. 结合现代设计，试举例分析在设计中如何平衡功能与装饰的关系。

7. 试设计一款实用器具，至少带有一种新艺术运动装饰的特点。

延伸阅读

1. [丹] 阿德里安·海斯，西方工业设计 300 年，吉林美术出版社，2003 年。

2. 高兵强，蒲仪军，新艺术运动，上海辞书出版社，2010 年 12 月。

第
七
章

CHAPTER 7

机器美学与现代设计

（1900—1930）

20 世纪初的设计界开始积极反省机器文明中艺术与技术分离的危机，设法调和两者之间的冲突，寻求机器艺术化的可行性，试图赋予工业活动以一些特定的文化意义。于是在机器和艺术的协调过程中，一种适合于工业时代的新的设计思想——"机器美学"（The Machine Aesthetic）思潮逐渐确立。它以机器为隐喻，用净化了的几何形式来象征机器的效率和理性，反映工业时代的本质。

一般认为，荷兰风格派和苏联构成主义是机器美学思潮的典型代表。事实上，功能主义的确立、对机器生产和标准化的肯定、芝加哥学派、德意志制造联盟与现代主义设计等，都直接促进了机器美学思潮的出现。北欧的斯堪的纳维亚风格则为其特殊分支，而象征现代工业设计运动开端的包豪斯的成立，则被视为机器美学思潮的高潮与尾声。

第一节　机器美学的诞生

机器美学是研究机器生产时代产品设计审美规律的理论学说。它的创始人是勒·柯布西耶［Le Corbusier（Charles-Edouard Jeanneret），1887—1965］和艾米迪·奥尚方（Amedee Ozenfant，1886—1966）。机器美学灵感的来源要归功于意大利未来主义的核心和灵魂人物菲利波·马里内蒂（Filippo Tommaso Marinetti，1876—1944）。

马里内蒂出生于埃及的亚历山大城，后随父母移居米兰，曾在巴黎接受教育，又在米兰创办了文学刊物，并领导了意大利和法国的未来主义运动。1909 年 2 月 20 日，马里内蒂在《费加罗》报的首页上发表了著名的未来主义宣言"未来主义的基础及其宣言"（法：Manifeste du futurisme）；其后在 1910 年出版的《人的增殖与机器的统治》（法：L'Uomo motiplicato e il Regno dello macchina）中，马里内蒂明确使用了"机械美"（法：la bellezza meccanica）这样的字眼，宣称机械美源于"对机器的爱"（法：l'amore per la macchina）。可见，激发未来主义灵感的是对像汽车这种"机器"所带来的"速度之美"类似的东西。这种灵感后来在"立体主义"及柯布西耶和奥尚方所倡导的"纯粹主义"艺术中得到了进一步的深化，特别是后者，找到了它新的依据——机器、科学与改造世界的激情。

柯布西耶生于瑞士的拉夏德芳市（La Chaux-de-Fonds），在本地的工艺美术学校接受了雕刻设计培训，后被派往维也纳霍夫曼建筑事务所学习和工作。1910 年他前往德国，在贝伦斯的设计事务所学习了 5 个月，深受贝伦斯和德意志制造联盟思想的影响。一次大战前，他主要从事现代绘画与雕塑，对立体主义思想有了深入的了解。一战后，他于 1916

年 10 月移居巴黎，在那里从事建筑设计，并结识了法国画家、理论家奥尚方。此后，二人共同提出了以新柏拉图主义哲学为依据的纯粹主义的机器美学，它的研究对象以造型艺术特别是产品设计和建筑为主。

学界普遍认为，机器美学以 1923 年柯布西耶的《走向新建筑》一书的发表为标志性起点。书中汇集了他本人之前发表的文章，他在书中热情洋溢地赞扬了远洋轮船的美、飞机的美和汽车的美："如果暂时忘记轮船是一个运输工具，我们面对它时会发现一种无畏、纪律、和谐与宁静的、紧张而强烈的美。它们都是建立在数学和谐的基础之上，因此，建筑也可以纳入机器美学的视野，帕提农神庙也是'激动人心的机器'。"柯布西耶对于机器的颂扬，反映在理论上就是"机器美学"，这也奠定了其作为机器美学创始人的地位。

机器美学追求机器造型语言中的简洁、秩序和几何形式以及机器本身所体现出来的理性和逻辑性，以产生一种标准化的、纯而又纯的审美模式。其视觉表现一般是以简单几何体及其变化为基础的，强调直线、空间、比例、体积等要素，并抛弃一切附加的装饰，达到工业与艺术的完美结合。事实上，自从工业革命开始，机器的作用就广受设计界的重视。德意志制造联盟、贝伦斯等一大批活跃在欧美的艺术家、理论家、设计师和设计团体，都从不同的层次尝试艺术与工业的结合，这种使设计反映社会进步要素的努力一刻也没有停止过。比如，贝伦斯在其设计中致力于创造"直接来自机器的产品形式"。正是在这些进步的美学观和设计实践的影响下，"机器美学"的理论思想才得以逐步形成、丰富和发展。

工业与艺术的结合是 20 世纪社会的主旋律。机器以其独有的审美价值渗透到了人类社会的方方面面，成了工业文明的标志。贯穿众多设计思潮的主线都是对以机器为代表的现代工业文明的认同，机器美学思想已深深植根于不断萌发、蓬勃发展的各种现代设计理念中。从这点上看，发生于 20 世纪的各种设计思潮都与机器美学有着千丝万缕的联系也就不难理解了。值得强调的是，这里所说的现代设计不是特指现代主义设计风格，而是对 20 世纪各种设计风格和流派的总称。

第二节　北美地区的机器美学思潮与芝加哥学派

从渊源上看，机器美学的萌芽和先驱，可以追溯到 19 世纪末期美国的芝加哥学派。这里的所谓芝加哥学派，特指芝加哥市的建筑而言，这是美国最早出现的建筑流派，也是现代建筑在美国的奠基者。代表人物有威廉姆·詹尼（William Le Baron Jenney，1832—1907）、丹尼尔·伯纳穆（Daniel Hudson Burnham，1846—1912）、约翰·路特（John Wellborn Root，1850—1891）、丹克马尔·阿德勒（Dankmar Adler，1844—1900）、路易·沙利文（Louis Henri Sullivan，1856—1924）和弗兰克·赖特。

19世纪以前，芝加哥是美国中西部的一个小镇，1837年仅有4000人。由于美国对西部的开拓，这个位于东西部交通要道的小镇在19世纪后期迅速发展起来，到1890年人口已增至100万。一方面，经济的兴旺发达、人口的快速膨胀刺激了建筑业的发展；另一方面，1871年10月8日，发生在芝加哥市中心的一场大火毁掉了全市三分之一的建筑，更加剧了对新建房屋的需求。在这种背景下，芝加哥出现了一个主要从事高层商业建筑的设计师和建筑师的群体，史称"芝加哥学派"，其鼎盛时期是在1883—1893年之间。

工程师威廉姆·詹尼是芝加哥学派的创始人，他在1879年设计了第一拉埃特大厦（First Leiter Building）。1885年由他完成的家庭保险公司（Home Insurance Building）（图1）的八层办公楼的设计，是世界上第一座钢框架结构的建筑，这标志着芝加哥学派的真正开始。

路易·沙利文是芝加哥学派中最著名的建筑师之一。沙利文于1879年进入丹克马尔·阿德勒的事务所，后者是芝加哥著名的结构工程师。在此后长达14年的合作过程中，他们设计了上百幢摩天大楼，在美国建筑史上留下了许多重要的、颇具影响力的建筑，如建于1899—1904年间的芝加哥百货大厦（Carson Pirie and Scott Store）（图2）和建于

图1　家庭保险公司办公楼（詹尼，1885年）

图2　芝加哥百货大厦（沙利文，1899年）

1885 年的芝加哥会堂大厦（Chicago Auditorium Building）等。

虽然在沙利文设计的建筑装饰上，人们还可以见到新艺术风格的影子，但其仍然不愧为现代建筑设计理论的奠基人之一。他提出了著名的"形式追随功能"（Form Follows Function）的思想，为功能主义建筑开辟了道路，几乎成了在当时的美国所能听到、看到的设计哲学的唯一陈述，也是日后包豪斯所信赖的教义。沙利文认为，自然界中的一切东西都具有一种形状，也即一种形式、一种外观造型，这种形状告诉我们这是些什么以及如何和别的东西区别分开来；功能不变，形式就不变。他主张装饰是精神上的奢侈品，而不是必需品，恰恰是为了美学利益，需要完全避免装饰的使用，以使人们高度集中于体态裸露、完美的建筑，以简单的形式带给人们梦寐以求的自然从容感。对沙利文来说，大自然赋予的结构和装饰，不需要通过人为的添加粉饰，就能显示出自己的艺术美来。后来，弗兰克·赖特继承并发扬了沙利文的思想，被认为是芝加哥学派中第二代代表人物。

芝加哥学派可以被看作是现代建筑运动的先驱，其建筑设计以大机器时代的钢铁、玻璃等元素的创新应用为特色，颇具机器美学之风。在当时，这些建筑也被称为"新建筑"。与传统钢混结构的建筑不同，芝加哥学派的新建筑具有下列特点：

1. 采用新材料、新结构、新技术，解决新高层商业建筑的功能需要，创造具有新风格、新样式的新建筑；

2. 利用全金属框架结构和箱形基础，楼房层数超过十层甚至更高，这在当时是建筑上的很大突破，开创了高层建筑的先河；

3. 由于抢速度、争时效、尽量扩大利润，传统的学院派建筑观念被暂时搁置和淡化了，楼房的外立面也因此被大为净化和简化；

4. 同时，为增加室内的光线和通风，出现了宽度大于高度的横向窗子，史称"芝加哥窗"。

高层、钢框架、横向大窗、简单的立面是芝加哥学派新建筑的典型特点。但在某些建筑领域的专业人士看来，由于缺少历史传承、缺少文化、没有深度和分量，此类设计难登大雅之堂，只能是在特殊的地点和时间为解燃眉之急的权宜之计。尽管由于特定历史条件的限制，芝加哥学派只存在于芝加哥一地，且在十余年间便烟消云散了，但这个学派所倡导的"形式追随功能"的设计理念对现代建筑乃至产品设计的影响是巨大的。可以说，其思想观念是机器美学思潮出现的主要动因之一。

第三节　德意志制造联盟

机器时代的来临使德国的社会、工业和文化环境发生了巨大的变革。在手工艺及工业领域，人们意识到改进设计是避免生产低廉丑陋的产品、实现未来繁荣的根本。当时，德国既无廉价的原材料资源，又无现成的大路产品出口对象，只能依靠高质量的产品来争取世界市场。这不同于威廉·莫里斯因害怕机器导致失业而反对机械化的观点，人们认为高质量应该由一批既具有艺术修养，又面向机器生产的经济实体来实现。在这方面，最积极的推进者就是德意志制造联盟，它的目标是促成艺术与工业、机器与设计的统一。

一、德意志制造联盟的成立

德意志制造联盟，是于 1907 年在慕尼黑宣告成立的德国的第一个设计组织，是德国现代主义设计的开创者。最初的成员有 13 位独立艺术家和 10 家手工艺企业，它们以工业技术的改良与产品质量的提高为目标，通过教育、宣传等手段，促进艺术与手工艺和工业之间的协作，以便在国际市场上可以和英国产品抗衡。联盟成立后不久，便从手工艺扩展到了机器生产，促进了"自沙发软垫到都市规划"的工业机械化设计。联盟认为，设计的目的是人而不是物，工业设计师是社会的公仆，而不是以自我表现为目的的艺术家，"艺术与工业的统一"是联盟推崇的信条。在肯定机械化生产的前提下，联盟把批量生产和产品标准化作为对设计的基本要求，颇具机器美学意识。德意志制造联盟的成立，表明德国在工业设计方面已进入到一个新的阶段，处于世界领先地位。

当时，德意志制造联盟中较为著名的设计师有德国人赫尔曼·穆特修斯（Adam Gottlieb Hermann Muthesius，1861—1927）、贝伦斯、沃尔特·格罗佩斯（Walter Adolph Georg Gropius，1883—1969）以及比利时人凡·德·威尔德等。

德意志制造联盟的宗旨可归结为：

1. 促进艺术、手工艺与工业相结合；

2. 主张通过教育、宣传，提高德国设计的艺术水平，完善艺术、工业设计和手工艺；

3. 强调走非官方路线，保持联盟作为业界组织的性质，避免政治对设计工作的干扰；

4. 在德国设计艺术界大力宣传和倡导功能主义，承认并接受工业化的作用；

5. 反对设计中的任何形式的装饰；

6. 主张标准化的批量生产，并以此作为设计艺术性的基本约束；

7. 设计的目的是人而不是物。

二、标准化问题

标准化是指广泛使用的材料、方法和程序具有通用性，它也涉及设计决策时遵循一个共同的框架，如共同的界面或尺度坐标。这与当时德国振兴工业、打开世界市场的需要相吻合。相同的界面、结合部和接口，可以使设计和生产简化，组件成本降低，前瞻计划做得更好；通过使用各环节的信息反馈，更易于改进产品；开发新产品的过程也随之简单化。在社会和环境方面，标准化有利于零部件的回收和再利用，避免材料浪费和能源消耗，减少生产过程对工人健康的危害，使零部件更换、维修、更新都能够得到快速的响应。

1914 年，在科隆召开的德意志制造联盟博览会上，发生了设计理论权威赫尔曼·穆特修斯和著名设计师凡·德·威尔德关于标准化问题的论战，史称"科隆论战"。前者以有力的论证说明，现代工业设计必须建立在大工业文明的基础上，而批量生产的机械产品必然要采取标准化的生产方式，在此前提下才能谈及风格和趣味问题；后者则认为所谓的工业标准化是对艺术家个性化自由表现的扼杀，是艺术表现力的灾难。然而，在设计是为大众服务这点上双方并没有分歧。这次论战是现代工业设计史上第一次具有国际影响的论战，是德意志制造联盟所有活动中最重要、最具深远影响的事件。穆特修斯的观点得到了联盟中政治家和商业家的支持，但遭到了联盟成员中的大多数——实用艺术家和建筑师的强烈反对。这次论战以穆特修斯不得不收回他的观点、凡·德·威尔德一方获胜而告终。

科隆论战涉及了两个方面的问题，颇值得深入思考：一是究竟什么样的设计才能够实现"艺术服务于人民"的理念，二是在更深层次上该如何调和国家所代表的资本主义的利益和艺术家个人利益的冲突。尽管论战双方都坚定地支持并且相信批量生产，承认工业化在实用艺术和建筑界的重要地位，都抱有使大众可以便利地享受到艺术的成果的美好理想，但是在如何实现这个理想的做法上却大相径庭。从论战的结果看出，当时的联盟成员在究竟什么么可以对大众的品位产生根本性影响的认识上存在着差异。

标准化是机器批量化生产和提高产品质量所不可或缺的，它促使项目中的每个人都按照共同的框架来工作，从而确保了可靠性、可测性、兼容（互换）性和效率。关于标准化的争论，本质就是手工艺与机器生产之间的矛盾，即"规范"与"形式"之间的矛盾、"典型"与"个性"分裂的问题。古希腊哲学家柏拉图（Plato，约公元前 427—公元前 347）曾说过："真理可能在少数人一边。"尽管穆特修斯所代表的少数一方在 1914 年的科隆论战中失败了，但是有利于大批量机器生产的标准化，因为顺应了社会发展的趋势而最终占据了上风。

三、德意志制造联盟中的代表性人物

1. 穆特修斯与即物性

工业设计的诞生，首先要迈出承认机器的作用的第一步，在欧洲，最早突破这一关正是穆特修斯。

穆特修斯早年曾先后学习哲学和建筑学。1887—1891 年他作为建筑师工作于日本东京，回国时曾考察过中国。1896—1903 年他作为德国驻英国使馆的文化官员工作于伦敦，在此期间，他系统地研究了当时英国的艺术，包括园林，并于 1904 年出版了《英格兰的住宅》等著作，认为园林与建筑之间在概念上要统一，理想的园林应该是尽量再现建筑内部的"室外房间"，座椅、栏杆、花架等室外家具的布置也应与室内家具布置相似。1920 年他在文章《几何式园林》中再一次阐明了这一观点。1905—1906 年在柏林建造的自用住宅及办公室——伯恩哈德住宅（Bernhard house）（图 3），是穆特修斯闻名的作品，住宅和花园通过一个花架和一个景亭联系，花园分为两小部分，有花床，展现了其倡导的"几何式园林"的设计理念。

穆特修斯对 20 世纪初的德国建筑与产品设计的落后状况提出了广泛的批评。他认为英国工艺美术运动的重要性，在于显示优良设计是工艺性和经济性的基础，提倡有目的地学习英国设计中的合理成分。他还提出一定要把机器样式作为 20 世纪设计运动的目标，认为只要人类有了足够的力量和智慧去驾驭机器，机器就会从凶猛的野兽变成人类忠实的奴仆；他认为一旦运用恰当，人们就可以获得属于机器本身所产生的美感；他倡导所有的设计必须符合完全而纯粹的实用功能——"即物性"（Thingness）。这一简洁与理性的、颇具现代意识的设计准则，再次推动并超越了德国风格派，也唤起了人们对技术主导设计的关注。后来，穆特修斯从体系、人员上对当时的德国艺术类院校进行了积极的改革，并促成了德意志制造联盟的建立。

图 3　伯恩哈德住宅（穆特修斯，1905～1906 年）

对机器的肯定、功能主义的明确提出以及大量的组织与宣传工作，使得穆特修斯成为德国设计运动史上最有影响力的奠基人之一。

2. 贝伦斯与 AEG

彼得·贝伦斯是德意志制造联盟中的一位负有盛名的设计师，是德国现代建筑和工业设计的先驱。贝伦斯于 1886—1891 年间在汉堡工艺美术学校接受艺术教育，后改行学习建筑；1893 年起成为慕尼黑分离派成员；1900 年加入由艺术家、建筑师、设计师组成的"七人团"，开始建筑设计活动；1907 年成为德意志制造联盟的推进者与领袖人物，同年受聘担任德国通用电器公司（Allgemeine Elektrizitäts-Gesellschaft，AEG）的艺术顾问，开始了其工业设计师的职业生涯。

贝伦斯将德意志制造联盟的"艺术与工业统一"的信条付诸实践，联盟后来的发展，特别是与工业有关的发展，跟贝伦斯与 AEG 的史无前例的合作实践是分不开的。在此之前，莫里斯等人虽然也开过公司、办过工厂，但都没能找到设计师在企业应有的位置和作用。贝伦斯与 AEG 的合作，可以说是日后美国工业设计职业化的先声。他认为设计师别无选择，只能使生活更简朴、更为实际、更为组织化和范围更加宽广，只有通过工业，才能实现自我目标。

1909 年，贝伦斯设计了 AEG 的透平机（Turbine）制造车间（图 4）与机械车间，它在建筑形式上摒弃了传统附加装饰，造型简洁，壮观悦目，被称为第一座真正意义上的现代建筑。除了建筑设计之外，贝伦斯还为 AEG 做了许多产品与广告设计，如电水壶（图5）、电钟、电风扇、招贴画（图 6）等。这些设计没有一点伪装和牵强，使机器在家居环境中亦能以自我的语言表达。贝伦斯在 AEG 这个实行集中管理的大公司中发挥了巨大作用，他全面负责公司的建筑设计、视觉传达设计以及产品设计，使这家庞杂的大公司树立起一

图 4　AEG 透平机制造车间（贝伦斯，1909 年）

图 5　电水壶（贝伦斯，1909 年）

图 6　AEG 招贴（贝伦斯，1907 年）

个统一完整的鲜明形象，开创了现代公司标识的先河。AEG 的标识经他数易其稿，一直沿用至今，成为欧洲最著名的标志之一。

此外，贝伦斯还是一位杰出的设计教育家。他开办的设计事务所培养了不少人才，著名的现代建筑大师沃尔特·格罗佩斯、汉斯·迈耶（Hans Emil "Hannes" Meyer，1889—1954）、密斯·凡·德·罗（Ludwig Mies van der Rohe，1886—1969）和勒·柯布西耶等，都先后在贝伦斯事务所工作过，并受到许多教旨，形成了现代主义思想体系，为以后的发展打下了基础。该事务所也因此被誉为"现代主义建筑的摇篮"。

德意志制造联盟掀起了近代工业设计史上第一次设计运动的高潮，培养了一批新人，确立了工业设计的基本理论，影响和刺激了许多国家。1910—1915 年间，奥地利、瑞士、瑞典和英国等国也成立了类似的设计组织，从而使工业设计得以在欧洲各地展开。虽然第一次世界大战的爆发中断了联盟的活动，但它所确立的设计理论和原则，为后来德国和世界现代主义设计的发展提供了重要的思想指导。

第四节　欧洲的机器美学思潮及其代表流派

在新艺术风格兴盛的 20 世纪初的欧洲，电气化已经取代了蒸汽机。虽然工业革命给欧洲带来了新技术、新材料和新的生产方式，但并没有给设计带来新的美学理念可供借鉴，于是，新问题出现了：一方面与手工生产相比，机器的批量生产带来产品艺术质量的急剧下降和消费者艺术品位的降低；另一方面人们希望在保持物质丰富的同时，也能享受机械所带来的精神愉悦。大工业生产无疑是一种进步，问题在于，如何找到能与这种先进的大工业生产技术相适应的艺术加以整合，从而形成新的美学观念，创造出能反映大机器时代的优良设计。

在这种形势下，新的设计形式在思维和实践上正在以德国为代表的欧洲大陆萌生。曾经分别是工艺美术运动和新艺术运动发源地的英、法两国，经过了早期工业革命的高速发展，已经设备陈旧、经济增速变缓，而对追逐剩余价值最大化的资本来说，相比于投资国内的环境及更新现有装备，它更倾向于投资盈利更多的国外新兴市场。这使得机器美学不是在英国，而是在像德国这样的新兴工业国家出现。当时的德国，在生产集中的基础上形成了垄断组织和资本输出。由于其工业革命开始较晚，新建的工业部门，如钢铁、机电和化学工业等反而可以利用当时最先进的技术来装备。为了能够打入英、法等老牌帝国主义国家霸持的国际市场，德意志制造联盟顺理成章地出现了。他们系统地研究竞争对手的产品，通过类型学的选择及重新设计，使其适应机器生产，促进了20世纪机器美学的形成。

当时，有一部分富有民主思想的设计师，他们充分肯定工业社会大机器生产，赞赏新技术、新材料的客观化趋势，其遵循理性主义、用简约的几何形体和抽象的色彩来概括客观对象的做法，与机器大批量生产所需的标准化、机械化的要求正好合拍，因而成为大机器生产的必然和最佳选择。在机器美学被实际应用到工业产品上之前，以柯布西耶为代表的设计师们首先在其建筑和一些实用艺术品上将之予以充分的展现，显示出简单、抽象形式的魅力。他们提出了功能主义的设计原则，提倡科学的理性设计。正是这种建立在机械技术之上的美学观念，确立了简洁、质朴、实用方便的全新的机器美学设计风格。

就设计风格来看，机器美学的造型重点已转移到了线条、形态以及色彩本身的纯粹美感上，构图原理被强化，不再停留在装饰性的肤浅表现上。机器美学认为，机器应该用自己的语言来表达自我，任何产品的视觉特征，应由其本身的结构及其机械的内部逻辑来确定。机器美学追求机器造型中的简洁、秩序和几何形式以及机器本身所体现出来的理性和逻辑性，产生了一种标准化的、纯而又纯的模式；其视觉表现一般是以简单立方体及其变化为基础的，它强调直线、空间、比例、体积等要素，并摒弃一切附加的装饰。机器美学的抽象造型取向与现代艺术的发展并行不悖、水乳交融。

在现代艺术流派纷呈的19世纪初，作为机器美学参照系的印象派（Impressionism）、点彩派（Divisionism/Pointillism）、后印象派（Post-Impressionism）、纳比派（Les Nabis）、野兽派（Les Fauves）、表现派（Expresseonism）、毕加索（Pablo Ruiz Picasso，1881—1973）立体派（Cubism）（图7、8）、达达派（Dadaism）（图9）、纯粹派（Purism）、荷兰风格派（De Stijl）等先锋派（图10）圈子里开创的观念，往往直接作用于实用艺术和工业设计。像荷兰风格派和苏联构成主义，二者的作品都具有典型的机器美学特征，由于风格上的相近，其本身已成为机器美学运动的核心。

图7 立体派画作［胡安·格里斯（Juan Gris，1887—1927），1912年］

图8 几何形茶壶［克里斯托弗·德莱赛（Christopher Dresser，1834—1904），1880年］

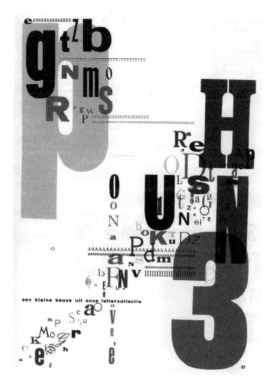

图 10　摇椅（凡·德·威尔德，1904 年）

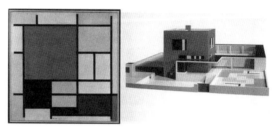

图 9　达达主义的封面设计 [皮特·兹瓦特（Piet Zwart，1885—1977），1931 年]

图 11　平面画作（左，蒙德里安，1921 年）及建筑模型（右，凡·杜斯伯格，1921 年）

一、风格派

　　风格派，是 1917 年在荷兰出现的几何抽象主义画派，以《风格》杂志为中心。创始人是凡·杜斯伯格（Theo van Doesburg，1883—1931），主要领袖是皮特·蒙德里安（Pieter Cornelis "Piet" Mondriaan，1872—1944）。在意识形态上，风格派是艺术家们希望通过几何的、规则的抽象线条与色彩来建立独立的精神王国，用精神和艺术来拯救社会、取代资本主义世界的一种尝试，其思想基础是唯心主义和空想社会主义。

　　荷兰风格派以蒙德里安的纯粹抽象为前提，建立了一种理性的、富于秩序和完全非个人的绘画、建筑和设计风格。其特点是侧重于使用最少限度的视觉元素——水平与垂直线和基本色（如红、黄、蓝三色与无色彩）（图 11），通过这些基本语汇构成的整体来传达"宇宙的真实"；趋向于清晰、明确和拘泥于形式的理想境界；讲究均衡和谐，并注入了神秘的思想。如它认为可以借助精神上的忘我及冥思苦想，达到直接认识神的"通神论"的哲学体系。风格派的视觉要素，是纯粹的抽象绘画的具体化，这种从自然有机形态中彻底解放出来的几何抽象图形与简单的数学计算模数，超越了美术所塑造的典型美。

　　风格派的另一个代表人物，格里特·里特维尔德（Gerrit Thomas Rietveld，1888—1964），将要素主义演绎到家具和建筑设计中，强调结构的作用，以最少限度的表现方法来强调线条、体、面和空间之间的关系。他通过著名的红蓝扶手椅（图12），探索在一个坐具结构上各个面互相交叉的表达方式。为了使其视觉清晰，他通过比实际所需的设计尺度略微扩张、将各个立面漆上对比强烈的色彩等手法来夸大所有的联结点。他设计的椅子往往因坐起来极不舒服而让人难以接受，最终仅仅起到了唤起最基本的雕塑质感的一种抽象表现形式的作用。里特维尔德设计的施罗德住宅（Schröder House，1923年）（图13），位于荷兰中部乌得勒支（Utrecht），是荷兰风格派建筑的最为知名的样例之一，并在2000年入选世界文化遗产。

里特维尔德在设计里采用结构决定外观形式的观点，作为一种最基本的隐喻，将功能主义理论延伸到了一个富有诗意的设计样式中，并将机器美学演绎成了一个带有自身固有词汇的视觉语言，这是一种主导后20年许多前卫建筑与设计风格的语言。

风格派的特征可以归结为：

1. 把传统的建筑、家具和产品设计、绘画、雕塑的特征完全剥除，变成最基本的集合结构单体，或者称为元素；

2. 把这些几何结构单体进行组合，形成简单的结构组合，单体依然保持相对独立性和鲜明的可视性；

3. 对于非对称性的深入研究与运用；

4. 非常特别地反复应用横纵几何结构、基本原色和中性色。

风格派简单的几何形式、中性的色彩计划（黑白灰）、立体主义、理性主义形式的结构特征，在第二次世界大战之后成为国际主义风格的标准符号。在荷兰的现代设计中，风格派的痕迹也比比皆是。

图12　红蓝扶手椅（里特维尔德，1917年）　　图13　施罗德住宅及其纪念邮票（里特维尔德，1923年）

二、构成主义

构成主义（Constructivism），又名结构主义，是 1917 年前后在俄国兴起的设计艺术运动，出现于受到马克思主义思想影响的俄国革命之后，持续到 1922 年左右。对于这个时期激进的俄国艺术家而言，十月革命带来的植根于工业化的新秩序是对旧秩序的终结，是俄国无产阶级的一大胜利。俄国革命成功后，社会大环境为信奉文化革命和进步观念的构成主义提供了在艺术、建筑学和设计上的实践机会。

俄国构成主义者高举着反传统艺术的大旗，摒弃传统材料，例如颜料、画布，甚至大革命前的图像。其作品多来自现成物，例如木材、金属、照片或纸。构成主义艺术家的作品经常被视为系统的简化或抽象，从平面设计到电影和剧场的设计，处处传达着其透过结合不同的元素以构筑新的现实的理念。

在风格上，构成主义使用一块块金属、玻璃、木块、纸板或塑料来建造雕塑，强调的是空间中的势（Movement），而不是传统雕塑所着重的体积、量感。构成主义接受了立体派的拼裱和浮雕技法，由传统雕塑的加和减变成组构和结合；同时它也吸收了绝对主义的几何抽象理念，甚至运用了悬挂物和浮雕构成物（图 14）。构成主义风格对现代雕塑有着决定性的影响。

构成主义的代表人物有卡兹米尔·马来维奇（Kazimir Severinovich Malevich，1879—1935）、弗拉基米尔·塔特林（Vladimir Yevgrafovich Tatlin，1885—1953）和瑙姆·加博（Naum Gabo，1890—1977）等。构成派在志趣和做法上与风格派并没有本质的差别，实际上，两派的有些成员到后来也在一起活动了。构成派的代表作品，是莫斯科工人俱乐部和由塔特林设计的俄国第三国际纪念塔（图 15）。特别是第三国际纪念塔，它采用富有幻想性的现代雕塑形态：中心体是由一个玻璃制成的核心、一个立方体、一个

图 14　构成主义的室内设计方案（凡·杜斯伯格，1926 年）

图 15　第三国际纪念塔模型（塔特林，1919—1920）

圆柱来合成的。这一晶亮的玻璃体好像比萨斜塔那样，倾悬于一个不对等的轴座上面，四周环绕钢条做成的螺旋梯子；玻璃圆柱每年环绕轴座周转一次，里面的空间，划分出教堂和会议室；玻璃核心则一个月周转一次，内部是各种活动的场所；最高的玻璃方体一天调转一次。换句话说，这件巨大建筑物，它的内部结构由一年转一周、一月转一周和一天转一周的特殊空间构成。塔的内部空间设有新闻中心，可以不断地向外界发布新闻、公告和宣言。纪念塔的设计高度比纽约帝国大厦（120 层，高 318 米）还要高出一倍。虽然最终没能付诸实施，但这个由抽象几何体与线条组成的雕塑看上去像个工程构筑物，体现了构成派的追求，一直被西方艺术界所推崇。

构成主义的特点可以归结为：

1. 反对传统艺术及其表现形式；

2. 推崇半抽象或抽象性的表现手法。主张用长方形、圆形、直线等构成半抽象或全抽象型的画面或雕塑；

3. 注重形态与空间之间的影响，强调空间中势的营造；

4. 遵循理性主义，用几何形体和简约抽象的色彩概括客观对象。

构成主义的这些特点与工业大批量生产的标准化、机械化技术要求正好契合，因而成为机器时代的必然和最佳选择之一。构成主义对于设计的重要性在于，其目的是将艺术家改造成为"设计师"。但是，这仅仅是一个美好的愿望。事实上，在当时对"设计"的观念仍存在争议，当今所谓设计的意义并未充分浮现，因而人们采用了不同的说法——谓之"生产艺术"（Production Art）。

第五节　功能主义

功能主义设计（Functionalism design）思想，起源于 19 世纪中期的英国，后在德国得到了系统的发展，成为了 20 世纪正统的主流设计思想。所谓功能主义，就是要在设计中注重产品的功能性与实用性，即任何设计都必须保障产品功能及其用途的充分体现，其次才是产品的审美感觉。换言之，功能主义就是功能至上。

1851 年第一届"世界工业博览会"之后，出现了以拉斯金和莫里斯为代表的敌视机器的观点和以戈特弗里德·森佩尔（Gottfried Semper，1803—1879）为代表的"结合论"的观点。后者意识到了技术的进步是无可逆转的历史潮流，认为"应该教育培养新型的工匠，让他们学会艺术而理性的方式，理解并且开发利用机器的潜力"。这两种观点彼此抗争，持续了很长一段时间，直到大洋彼岸芝加哥学派的沙利文提出了"形式追随功能"的口号，德意志制造联盟提出了注重产品的科学性和功能性的标准化思想，功能主义作为正式的设计理念才算真正诞生了。之后，在欧洲，作为机器美学表现形式之一的功能主义，曾一度成了亘古不变的审美法则。

从设计风格上看，功能主义追求产品功能的体现，以形态和表面的纯净、观念和意义的清晰为理想境界。这与机器美学所倡导的抛弃传统装饰，以直线取代柔美的曲线，以源自数学的几何形取代自然的植物纹样，讲究实用、简洁和自由，淡化民族特点与地域差别的理念不谋而合。可以说，在一定程度上，机器美学思想构成了功能主义设计造型表现的基础。图 16 是美国诺里斯公司于 1848 年建造的蒸汽机车，图 17 是奔驰公司第一辆三轮蒸汽汽车，这些都是功能主义设计的代表。

功能主义在强调产品设计中理性和功能的同时，认为强调自然现象的特殊和变化无常的性质的做法已经过时。为了找到普适的、解决设计乃至社会问题的方法，设计者应积极探索隐藏于自然现象及多样性（包括人类行为）背后的、客观的科学原理或真谛。比如，当方便人类使用的功能被视为设计的一个主要指标时，人体的尺寸和舒适度就成了产品、家具和室内设计师最关心的东西。柯布西耶曾探索一种基于人体标准开展各种设计，同时又具有普遍意义的模数设计体系；也有许多设计师强调工业与室内设计的融合，以便更好地平衡理性和功能整体的所有要素。

功能主义认为，有用物品的美是由其材料和结构、实效所界定的，即功能决定形态、样式和材料。例如，水壶是需要把手、壶嘴和盛水的容器，电吹风需要排热冷气以及一个足以举过头顶的把手；许多基本工具都是由它们的狭隘功能来决定其形式的——割、切、碾磨、击打或撕裂，功能不同，设计式样也不同。功能主义要求设计师首先留意一个产品是如何工作的，然后再确定它的形态和外观。当然，形式追随功能并不表示当一件产品的功能制作得很好时，它就理所当然地在外观上很贴切舒服；但是，如果忽视了功能，再漂亮的设计也绝对是一个失败的设计。

包豪斯的创始人沃尔特·格罗佩斯提出了"功能第一、形式第二"的原则，主张物体是由它的性质所决定的，如果形象适合于功能，人们就能一目了然地认识它的本质。一件物

图 16　早期机车（美国诺里斯公司，1848 年）

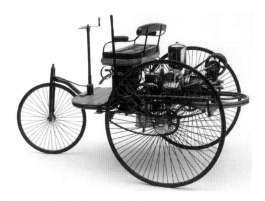

图 17　第一辆奔驰汽车（奔驰专利，1886 年）

体的所有方面都应该同它的目的性相配合，不仅能实现它的功能，更是可信赖的，并且便宜的。这样，技术上的成功自然而然也就达成了艺术上的成功。与阿道夫·迈耶（Adolf Meyer，1866—1950）合作设计的，位于德国下萨克森州莱纳河畔阿尔费尔德的法古斯鞋楦厂（Fagus-Werk Alfeld），是格罗佩斯机器美学建筑设计的代表作之一（图18）。建筑按照制鞋工业的功能需求设计了各级生产区、仓储区以及鞋楦发送区，颇具简洁、美观、实用之风。直至今日，这些功能区依然可以正常运转。

密斯·凡·德·罗认为，所有的建筑都和时代紧密联系，只能用活的东西和当代的手段来表现，任何时代都不例外。他意识到，在建筑中使用过时的形式是无出路的，形式必须满足时代的现实主义和功能主义的需要；形式绝不是我们工作的目的，它只是结果和载体。

图18　法古斯鞋楦厂（格罗佩斯，1911年）

图19　不锈钢可调式躺椅（凡·德·罗，1927年）

图20　萨伏伊别墅（柯布西耶，1928—1930年）

在此基础上，凡·德·罗提出了"好的功能就是美的形式"、"功能绝对第一"和"少即多"（Less is More）等这些德国式的功能主义的理念。他设计的一款不锈钢可调节式躺椅（图19）就采用了简洁的造型，以最少的几何元素突出了躺椅的功能。

勒·柯布西耶是合理主义、功能主义、国际样式和表现主义的主要领袖，以萨伏伊别墅（The Villa Savoye）（图20）、马赛公寓（Marseille Apartments）和朗香教堂（Notre Dame du Haut）（图21）为其代表作。柯布西耶为了埋葬过去，建立一种新的立足于机器的逻辑和当前需要的建筑风格，高度赞扬飞机、汽车和轮船等新科技的结晶，认为这些产品的外形设计不受任何传统式样的约束，是达到功能与外形统一的典范。他的一些名言曾广为流传，例如"建筑是形体在光线下有意识的、正确的和宏伟壮丽的相互组合"、"住宅是居住的机器"以及"感谢机器，感谢其典型的统一性，感谢选择的过程，感谢一种标准的建立，感谢一种显露锋芒的新风格"等等。他指出，钢铁和混凝土已占据统治地位，这标志着结构有了更多的空间；对建筑艺术家来说，老的经典被推翻了，历史的模式已经不复存在，一个

图 21　朗香教堂（柯布西耶，1950 年）

图 22　LC/4 钢管构架躺椅（柯布西耶，1928 年）

属于我们自己时代的样式已经兴起。在家具设计中，柯布西耶则以其豪华而舒适的钢管构架躺椅（Chaise Longue LC/4）（图 22）著称于世。这几乎成了 20 世纪 20 年代优雅生活的象征，现代躺椅只是在此基础上增加填塞物或者换成塑料材料而已。

就建筑设计而言，功能主义在以下三方面体现了机器美学的思想：第一，建筑应像机器一样符合实际的功用，强调功能和形式之间的逻辑关系，反对附加装饰；第二，建筑应像机器那样可以被放置在任何地方，强调建筑风格的普遍适应性；第三，建筑应像机器那样高效，强调建筑和经济之间的关系。

设计史料表明，建立在机器大生产基础之上的功能主义，影响着近一个世纪以来世界设计发展的基本格局和模式。在人类文明不断进步的今天，功能主义已成为现代主义设计的基本特征之一。

第六节　现代主义设计

现代主义设计（Modernism design）是 20 世纪 20 年代前后在欧洲发展起来的。当时，欧洲一批思想活跃的设计师、建筑家形成了一个强有力的集团，推动所谓的新建筑运动，后来被称为现代主义设计。1919 年成立的包豪斯所倡导的以理性主义为出发点，以人类认识与改造自然为前提，强调以客观的物性规律来决定和左右主观的人性规律等思想，奠定了现代主义设计的理论基础。荷兰的风格派、俄国的构成主义和德国的包豪斯被认为是现代主义设计形成的三个基本支柱。

现代主义设计具有设计的民主主义倾向，其强调新材料的运用，倡导新的形式，反对任何装饰的简单几何形状等做法，又兼具功能主义特点。现代主义设计打破了数千年来设计为权贵服务的立场和原则，也颠覆了几千年来建筑完全依附于木材、石材、砖瓦的传统。

图 23　巴塞罗那博览会德国馆（凡·德·罗，1929 年）

图 24　巴塞罗那椅（凡·德·罗，1929 年）

其活动最初从建筑设计开始，逐步影响到城市规划、环境、家具、工业产品、平面和视觉传达等设计领域，最终形成了真正完整意义上的现代主义设计运动。

现代主义设计的思想可以概括为民主主义、精英主义、理想主义和乌托邦主义。民主主义主张设计为广大劳苦大众服务，希望通过设计来改变社会的状况，是设计为大众服务的思想的延伸；精英主义不是为精英服务的，但是却强调精英领导的新精英主义，体现其从现实出发，来理解和阐释政治与社会的结构及其发展的一种政治取向；理想主义和乌托邦主义，是在当时共产主义运动和资本主义国家、法西斯政权大起大落的政治动荡时期，希望通过设计来建立良好的社会秩序，改变大众生活，实现社会大同的美好愿望的体现。

在某种意义上，现代主义设计可被看作是富于机器美学特征的功能主义的发展，主张"形式追随功能"（Form Follows Function）。德国现代主义设计大师迪特·拉姆斯（Dieter Rams，1932—）对现代主义设计的基本原则的阐述是"简单优于复杂，平淡优于鲜艳夺目，单一色调优于五光十色，经久耐用优于追赶时髦，理性结构优于盲从时尚"。例如，凡·德·罗设计的 1929 年巴塞罗那国际博览会德国馆（图 23），几乎具有现代主义建筑的全部特征：简单、功能主义、理性主义和减少主义的形式。建筑突破了传统砖石承重结构必然造成的封闭的、孤立的室内空间形式，采取一种开放的、连绵不断的空间划分方式；主厅用 8 根十字形断面的镀镍钢柱支承一片钢筋混凝土的平屋顶，墙壁因不承重而可以被一片片地自由布置，形成一些既分隔又连通的空间，互相衔接、穿插，以使人在行进中感受到丰富的空间变化，充分体现了"少即多"的设计理念。这一建筑是现代主义建筑最初的成果之一，对 20 世纪的建筑艺术风格影响深远，为这个建筑设计的家具——巴塞罗那椅（图 24），也是现代主义设计经典，这使凡·德·罗一举成名，成为世界公认的设计大师。

现代主义设计的表现形式具有以下特征。

1. 具有功能主义特征，即追求产品功能的体现，认同"形式追随功能"的设计理念。

2. 在形式上提倡非装饰的简单几何造型。具体到建筑上有①六面建筑；②以柱支撑整个建筑的结构特征，幕墙架构的产生；③标准化的原则；④反装饰主义立场；⑤中性色彩计划。

3. 在具体设计上重视空间的考虑，特别强调设计整体的考虑，反对在图版、预想图上设计，强调以模型为中心的设计规划。

4. 重视设计对象的成本控制。把成本作为设计中一个重要因素来考虑，从而达到适用、美观、经济的目的。

现代主义设计解决了当时设计界面临的两个主要问题：其一，如何为解决众多的工业产品、现代建筑、城市规划、传达媒介的设计问题提供新的策略、设计观和新的技术体系（现代设计体系）；其二，如何形成新的设计理论和原则，以使设计能够持续为人民大众服务（现代主义设计思想）。

现代主义风格引领了世界范围内的设计潮流，其持续时间长、波及面广、包罗万象，以致战后被称为国际主义风格。许多现代主义设计师，从德国的贝伦斯、格罗佩斯到美国的凡·德·罗（1937年移民美国）、赖特、法国的柯布西耶等，都以重视功能、造型简洁、反对多余装饰、奉行"少即多"的原则作为自己从事设计和创作的依据。直到今天，现代主义设计风格依然以其独特的方式影响着当代工业设计的发展。

第七节　斯堪的纳维亚风格

斯堪的纳维亚国家包括北欧的丹麦、芬兰、挪威、瑞典和冰岛等五国，它们绵延于欧洲最北角，与世隔绝的地理位置造就了其文化的独特性，在生活传统上也保持了一整套利他主义的行为模式。两次世界大战之间，斯堪的纳维亚人将德国严谨的功能主义与本土手工艺传统中的人文精神融汇在一起，创造出了具有朴素的机器美学特点的产品，这种特点被称为斯堪的纳维亚风格（Scandinavia Style）。斯堪的纳维亚风格，是对20世纪20—30年代北欧五国设计风格的总称。

斯堪的纳维亚风格不是一种流行的时尚或理念，而是在特定文化背景下的设计态度的一贯体现，有"瑞典现代风格""丹麦现代风格"等流派。早在1900年巴黎国际博览会上，斯堪的纳维亚设计就引起了人们的注意。在1930年的斯德哥尔摩博览会上，丹麦设计师保罗·汉宁森（Poul Henningsen，1894—1967）设计的照明灯具（图25），来自对照明原理的科学应用，以其极高的美学质量获得高度好评。博览会展示的最富成果和艺术思想的设计，标志着斯堪的纳维亚风格在功能主义方面的突破，瑞典现代风格也在1939年的纽约国际博览会上得到了广泛的认可。

在20世纪50年代，斯堪的纳维亚设计产生了一次新的飞跃，其朴素而有机的形态及自然的色彩和质感的产品，在国际上大受欢迎。以瑞典、丹麦、芬兰和挪威为代表的斯堪的纳维亚设计，在1954年意大利米兰举办的三年一度的国际设计展览上大获成功。其后，在美国艺术基金会的赞助下，由北欧国家的设计组织举办的"斯堪的纳维亚设计展览"，1954—1957年间在北美22个城市巡回展出，从而使斯堪的纳维亚风格成为广为人知的一朵奇葩。

斯堪的纳维亚设计既是功能主义的，但又不像20世纪30年代欧洲流行的设计那样严格和教条。在其设计中几何形式被柔化了，边角被光顺成S形曲线或波浪线，它也因而常被描述为"有机形"，更富人性和生气。到20世纪60年代，这种风格逐渐流行于斯堪的纳维亚、美国和意大利等国，被称为"有机现代主义"，它是对现代主义的继承和发展，主要代表人物有芬兰的雨果·阿尔托（Hugo Alvar Henrik Aalto，1898—1976）、美国的艾若·沙里宁（Eero Saarinen，1910—1961）和意大利的马塞罗·尼佐里（Macello Nizzoli，1887—1969）。其设计体现出"有机"的自由形态，而不是刻板、冰冷的几何形，无论是在生理还是心理上都给使用者以舒适的感受。同时，这些有机造型的设计往往又适合于大规模生产，特别是在家具、陶瓷、灯具和纺织品上。例如，阿尔托于1931年设计的扶手椅（Paimio Chair）（图26），由整张桦木多层复合板制成的卷形椅背和椅座，充分利用了材料的特点，既优美雅致而又毫不牺牲其舒适性，其开放的框架曲线被认为是

图25　PH吊灯（汉宁森，1924年）

图26　扶手椅（阿尔托，1931年）

图 27　扇形腿凳子（阿尔托，1954 年）

图 28　萨沃伊玻璃花瓶（阿尔托，1937 年）

对国际主义风格的修正；他设计的扇形腿凳子（Fan-Leg Stool）（图 27），利用薄而坚硬但又能热弯成形的胶合板来生产，轻巧、舒适、紧凑、现代，扇形压制纹饰巧妙利用了材料的可塑性；萨沃伊玻璃花瓶（Savoy vase）（图 28），形式几乎没有规则，因而显得生机勃勃，低调而张扬、华丽而不规则的波浪曲线轮廓，打破了传统玻璃器皿的对称设计，同时承载着回归大自然的哲学。该花瓶获得了设计大奖，热销近 80 年，至今仍畅销不衰。后来，花瓶被命名为阿尔托花瓶，以纪念这位卓越的设计师。

从本质上看，20 世纪初以来的斯堪的纳维亚的设计代表了一种生活方式、一种建立家庭生活空间的方法。早在 20 世纪中期，斯堪的纳维亚国家就建立了较完善的社会福利制度，在生活条件、就业机会和娱乐等方面建立了标准非常之高的习俗和法律。平均寿命的延长、高度的素质教养、全世界最低的婴儿死亡率以及较早摆脱了贫困，是北欧社会的普遍特征。在政治上的中立，形成了他们彼此之间相互忠诚和独立，社会的进步使根深蒂固的传统价值观被注入了新的生命。北欧人对建筑艺术推崇倍至，但不以破坏自然环境为代价，城堡和小屋林立，在简朴中美丽和世故兼而有之，人与自然和谐共存。

斯堪的纳维亚风格的朴素功能主义思想，也反映在其物品与人的舒适、精神需求等相关联的价值观上。其产品崇尚简朴的形式，制作精良，带有一种温和高雅的几何形态；喜用天然材料和明亮的色彩；着重中产阶级式的魅力的展示，却又相当的民主大众化。这些无疑为机器制品注入了新的元素，增添了机器美学的活力。

斯堪的纳维亚设计风格的特点可归纳为如下几个方面。

1. 重视产品的经济法则和大众化设计，即价廉物美；认为设计目标应是具有民主化理念的产品，要推动产品样式的革新，使之符合机器批量生产，价廉但品位高尚。

2. 强调有机设计的思想和产品的人情味，将传统美学理念注入大机器生产中去，所制造的东西应该是人性化的、有生机的和温暖的。

3. 提出以人体工学为原则进行理性设计，一切东西都应达到它企图达到的目的。例如，一把椅子应坐上去舒服，一张桌子应能让人自在地工作或者舒适地用餐，一张床应睡起来惬意。

斯堪的纳维亚产品以其制作精良的品质和富于人性化的设计赢得了国际声誉，以至于在 20 世纪 30 年代，斯堪的纳维亚设计成了优良设计的同义词。

第八节　机器美学的地位与作用

作为艺术与技术的结合，机器美学在大机器时代设计的广泛领域中得到了前所未有的体现。机器美学认为机械本身的合乎功能性、技术构造和外表，具有一种朴素的、不加雕饰的美，契合了人类讲求逻辑理性的天性，又与人们追求新奇的心理倾向相适应。这种美感与古典美相映成趣、互为补充。

机器美学的造型语言是以各种抽象艺术理论为基础的，反映着现代设计中技术与艺术的辩证统一。尽管在不同时代、不同地域，机器美学的表现形式有所不同，但其对后来各种设计运动的影响是深刻的。机器美学最终发展成为了席卷全球的现代主义设计运动。

思考题

1. 试述机器美学思潮的发展历史背景。

2. 试述功能主义产生的原因、发展过程及其对现代设计的影响。

3. 简述现代主义的三大支柱，并结合实例分析其关联关系。

4. 试分析机器美学与现代主义的关系。

5. 试分析斯堪的纳维亚设计风格形成的社会与人文因素及其构成要素。

6. 请结合斯堪的纳维亚设计，上网查阅其相关资料，谈谈你对当代设计的思考。

7. 选定某种产品，试利用风格派、构成派和功能主义的设计风格分别给出其设计结果，并对比分析设计结果，说明其在风格上的区别。

延伸阅读

1. 徐迅，机器美学，上海科学技术文献出版社，1988 年 10 月。

2. 何人可，工业设计史（第 5 版），高等教育出版社，2019 年 1 月。

3. 罗小未，外国近现代建筑史（第 2 版），中国建筑工业出版社，2004 年 8 月。

CHAPTER 8
包豪斯与工业设计教育
（1919—1933）

国立包豪斯学校（Des Staatliches Bauhaus），简称包豪斯，于 1919 年在德国成立，由著名的建筑家、设计理论家沃尔特·格罗佩斯创建，是世界上第一所真正为发展设计而建立的学院。经过 14 年的发展和完善，它以一系列创造性的理论和实践，奠定了工业设计教育与现代设计风格的基础。

第一节　沃尔特·格罗佩斯与包豪斯的创立

一、包豪斯的奠基人——沃尔特·格罗佩斯

沃尔特·格罗佩斯，是 20 世纪最重要的现代设计师、设计理论家和现代设计教育的奠基人。他出生于德国一个殷富的建筑师世家，受到很好的家庭熏陶。1903—1907 年，格罗佩斯先后在慕尼黑和柏林的工科大学学习建筑；1907 年，他进入现代主义设计先驱彼得·贝伦斯的建筑设计事务所，开始了设计生涯；1910 年，格罗佩斯成立了自己的设计事务所。他的设计思想具有鲜明的民主色彩与社会主义特征，主张设计为广大劳动人民，而不是仅仅为少数权贵服务。1911 年，他完成了法古斯鞋楦厂（Fagus-Werk Alfeld）的设计，也因此一举成名。这个设计采用了钢铁和平板玻璃作为建筑材料，具有良好的功能和现代的外形，成为世界上最早的玻璃幕墙结构建筑，充分考虑了成本与经济性，引起了广泛的关注。

1914 年，第一次世界大战爆发，格罗佩斯应征入伍。他在目睹了坦克、飞机、大炮这些人造机械成为屠杀工具后，曾一度放弃过战前对于机器的迷恋，不再膜拜大工业化，转而倡导中世纪传统手工业行会的工作方式，提倡团结合作和思想创造，希望通过微型公社形式的设计教育改革来改造德国，在思想上也从战前典型的非政治化，转变为战后明显的同情左翼运动、有鲜明左倾思想的立场。

1916 年 1 月，格罗佩斯向魏玛政府寄出了一份开办新型设计学院的建议书。他提出，作为有责任感的艺术家，有必要以各种机械的加工方式作为现代设计的造型手段；因此，艺术家、企业家和工匠之间应该建立起合作关系；他强调集体的重要性，同时，希望学生与企业间建立联系。这个提案表明了格罗佩斯的最初设想，即新的工业时代要求有与时代相适应的设计教育。1919 年初，格罗佩斯得到魏玛政府的支持，在原魏玛美术学院的基础上组建了一所新的学校——包豪斯。

二、包豪斯成立的背景、宗旨与原则

1918 年第一次世界大战结束后，魏玛政府面临重建国家的艰巨任务。为了振兴德国的工业和贸易，政府在教育改革和新技术的开发利用方面采取了鼓励和支持的政策。而包豪斯通过设计提高产品竞争力来实现强国的目标，正顺应了当时技术、经济与德国社会发展的时代背景的要求。因此，包豪斯得到了政府官员的埋解，并于 1919 年 4 月 1 日正式开学。其德文的全名称是 Des Staatliches Bauhaus，即国立包豪斯，其中 bau 是指建筑、建造，haus 则是指房屋和家，Bauhaus 意为"建筑师之家"或"为建筑而设立的学校"。

1919 年 4 月，由格罗佩斯起草的《包豪斯宣言》与里昂·费宁格（Lyonel Charles Feininger，1871—1956）所作的以表现主义为精神的木刻版画《大教堂》（图 1）同时发表。宣言以木版画作封面，主要内容如下：

图 1　木刻版画《大教堂》（费宁格，1919 年）

"一切造型艺术的最终目标是完美的建筑！美化建筑是造型艺术家至高无上的责任，造型艺术是建筑艺术不可分割的组成部分。今天的造型艺术，处于彼此分离、相互孤立的状态，只有通过所有工艺师们有意识的共同努力，才能将它们从孤立的状态中拯教出来。建筑师、画家、雕塑家必须通过整体和局部，重新认识和掌握建筑的综合美感。只有这样，才能使他们的作品再次充满丧失在沙龙艺术中的理性建筑精神。

"真心热爱造型艺术的青年，如果能像过去那样从学习手工艺开始自己的道路，那么将来的'艺术家'也就不会指责他们缺乏技艺了，因为手工艺技能给他发挥艺术才能的基础。

"让我们创立一个新型的工艺师组织！清除在手工艺师和艺术家之间由职业等级观念所造成的障碍。让我们共同希求、设想并创造一栋集建筑、雕塑、绘画三位于一体的未来的新殿堂，作为新信念的鲜明象征，它将通过千百万工艺师之手耸立于天际之中！"

宣言中，格罗佩斯提出了包豪斯的三个目标：一是要打破艺术界限，通过艺术家、工业家和手工业者的通力合作，来改进工业制品的品质；二是要提高手工艺人的地位，把工艺技术提高到与视觉艺术平等的地位；第三个目标较为含蓄，即要求手工艺人与工业界建立起持久的联系。其宗旨就是要营造一个艺术与技术相结合的环境，借籍此以建立符合工业化进程的现代主义工业设计教育体系。

第二节　包豪斯的发展与工业设计教育

包豪斯的发展可分为三个阶段：魏玛时期（1919—1925）、德韶时期（1925—1932）和柏林时期（1932—1933）。格罗佩斯作为创始人从 1919 年 4 月担任校长至 1928 年 3 月，这个时期包豪斯具有理想主义和浪漫的乌托邦精神；之后由汉斯·迈耶从 1928 年 3 月担任校长至 1930 年 8 月，这个时期包豪斯具有共产主义的政治化色彩；最后阶段则由建筑大师密斯·凡·德·罗从 1930 年 8 月担任校长至 1933 年 4 月，其间形成了基于建筑设计的实用主义特色。在短短 14 年的办学历程中，包豪斯先后共有全日制教师 35 名，同时开设了印刷、玻璃绘画、金属、家具、织造、摄影、壁画、舞台、书籍装订、陶艺、建筑、策展等 12 个不同专业的工作坊，培养了 1250 名学生。学校创造了包豪斯鲜明的时代特色和复杂的文化精神，其设计教育理论与实践对整个设计界产生了广泛而深远的影响。

一、魏玛时期

魏玛是一座文化古城，1919 年成为一战后德国的新首都。魏玛时期是包豪斯的教学实验阶段，格罗佩斯的"艺术与技术新统一"的设计教育思想便是在这一时期形成的。

1. 初期的状况

包豪斯在成立的初期困难重重。首先是经费不足，学校的基础设施匮乏；其次是来自意识形态、政府机构以及社会各界的攻击，主要体现在右倾社会力量对包豪斯具有社会主义民主思想的教育内容的攻击；此外，原魏玛美术学院的部分教员指控学校不进行传统的美术教育。于是，格罗佩斯被迫于 1919 年 9 月，在包豪斯以外单独成立了一所美术学院。虽然这种分离是对格罗佩斯所追求的艺术与技术相结合的思想的打击，但实际上，他却通过化解矛盾，发展了真正意义上的设计学院，是实践其技术与艺术进行结合理念的道路中非常关键而且必要的一步。

2. 魏玛包豪斯的教员

包豪斯成立之初招聘的第一批教员有 3 名，他们是作为形式导师的雕塑家杰哈特·马克斯（Gerhard Marcks，1889—1981）、画家里昂·费宁格和约翰·伊顿（Johannes Itten，1888—1967），其中，伊顿对包豪斯的发展起到了非常重要的影响。

伊顿是来自瑞士的画家，他原是一位小学教师，后来就读于斯图加特美术学院，师从当时抽象主义的先锋人物阿道夫·赫尔策尔（Adolf Hölzel，1853—1934）。在包豪斯的初期教学中，伊顿带来了许多积极的因素，成为创建现代设计基础课的第一人，尤其是现代色彩学课程的建立。但其宗教信仰也给学生带来了极大的负面影响，格罗佩斯最终劝说他离开了包豪斯。

1920—1922年期间，包豪斯聘用了五位画家作为新的形式导师，包括德国重要的表现主义大师俄国人瓦西里·康定斯基（Wassily Wassilyevich Kandinsky，1866—1944），重要的德国表现主义画家保尔·克利（Paul Klee，1879—1940），还有奥斯卡·施莱莫（Oskar Schlemmer，1888—1943）、乔治·蒙克（Georg Muche，1895—1987）和罗塔·施赖尔（Lothar Schreyer，1886—1966）。

第二批教员中最重要的人物是康定斯基。康定斯基是俄国人，1922年初来到包豪斯，作为世界上第一个真正的完全抽象的画家，对提升包豪斯的形象和促进它的发展起到了重要的作用。康定斯基主张统一、综合学科和媒介，认为所有的技术应该为设计这个中心服务。他是对这所学校的宗旨和目的了解得最为透彻的一个教员，并为包豪斯建立了最具系统性的基础课程。

1923年6月，有一位改变了包豪斯教学方向的重要教员加入了包豪斯，他就是纳吉（László Moholy-Nagy，1895—1946）。纳吉是匈牙利人，受俄国构成主义的强烈影响，是一个完全抽象派的艺术家，强调解决实际问题和创造能为社会所接受的设计。纳吉对包豪斯的贡献，体现在将包豪斯的教学方向明确地定位在为大工业化生产进行设计上，并与一位留校的新教员约瑟夫·阿尔伯斯（Josef Albers，1888—1976）一起，将基础课程的教育完善到了一个更高的阶段。

3. 教育制度与预科制度的建立

（1）初期的双轨制教育制度

为了实现"艺术与技术的新统一"，包豪斯在课程设置上，采用了艺术基础训练和实际技能同时学习的双轨制。教师分为由两部分：一部分为担任形式内容，如绘画、色彩与创造部分教学工作的"形式导师"；另一部分为担任技术、手工艺与材料教学工作的"作坊导师"。学校采用"工厂学徒制"，师生以"师傅"和"徒弟"来称谓。在魏玛期间，包豪斯已经设立了木工（图2）、编织、书籍装订和陶瓷四个作坊。这种教学体制要求理论与实践、艺术与技术相结合。在包豪斯成立之初的三年半时间内，这种创新的教学模式效果很好，成功地培养出了既具备艺术造型基础，又有一定技术与实践能力的新一代工业设计师。

图2　包豪斯木工作坊（魏玛时期）

包豪斯的学制分为三个阶段。第一个阶段是半年的预科教育，主要学习基础课程，学生通过对造型的训练和材料与技术的实习，掌握设计基础。第二阶段为三年的技术教育，学生进入不同的作坊实习，实现艺术与技术的结合。这种作坊式训练的早期仍具有行会的"手工艺"特征，中后期逐渐转向适应机械化生产的培养目标。第二阶段合格后学生可以获得"匠师"证书，并进入第三阶段进行为期一年半至两年的建筑教育。学生在建筑工地实践并积累经验，成绩优异的学生可以直接进入"包豪斯建筑研究部"继续参加建筑设计与实践，考核合格后被授予"建筑师"证书，即"包豪斯文凭"。

（2）基础课程的初步形成

在包豪斯的教育体系中，作为预科教育的基础课是最引人注目的部分之一，其最大特点是有严谨的理论作为支撑。从伊顿、克利到康定斯基，他们的基础课程都强化形式和色彩的系统研究。

作为开创现代设计基础课程的第一人，伊顿的基础教育包括两个重要的方面：一是强调对色彩、材料、肌理等方面的深入理解，特别是对二维和三维形态的不断探讨与挖掘；二是通过绘画分析来找出视觉规律，特别是韵律规律和结构规律，逐渐培养学生对自然事物的特殊的视觉敏感性。

伊顿的最大成就在于开创了现代色彩学的课程。他主张从科学的角度研究色彩，强调色彩理性的一面，培养学生通过掌握色彩的构成规律来揭示色彩的本质，并自由运用色彩。此外，伊顿还主张将色彩训练与形态训练结合，体现了他对色彩与简单几何图形间存在有机联系的认识。虽然伊顿的教学方向是科学的，但是宗教信仰使其在教学中带有强烈主观色彩的达达主义[1]和德国表现主义[2]特征，也给学生带来了很大的负面影响。

康定斯基在形态与色彩的教学思想与伊顿大体上一致，但伊顿侧重总体规律，而康定斯基更加注重形式和色彩的细节关系，重视形式和色彩在实际项目中的运用。其贡献主要体现在两个方面：一是对绘画的分析，二是对色彩与图形的理论研究。康定斯基在教学中严格地以科学和理性为基础，他的教学从完全抽象的形态与色彩理论开始，并通过抽象的内容与具体的设计实践相结合，从而使学生完全掌握理论，并将理论知识熟练地应用于设计中。

克利的教学思想与伊顿和康定斯基基本相同，但是他更强调不同艺术之间的关系，同时认为，最高的视觉感受只能通过感觉得到。他的基础课虽然基于科学的理论，但他的理

---

1 达达主义是 1916 ~ 1923 年间出现于法国、德国和瑞士的一种艺术流派，是一种无政府主义的艺术运动。达达主义者对一切事物采取虚无主义的态度，其行动准则是破坏一切。主要代表人物有罗马尼亚人特里斯唐·查拉、法国人汉斯·阿尔普等。

2 德国表现主义是 20 世纪 70 年代末在德国流行的一股潮流，其不再把自然视为艺术的首要目的，不重视原来的物象意义，以线条、形体和色彩来表现情绪与感觉作为艺术追求的唯一目的。主要影响到默片时代的一些好莱坞电影与 20 世纪 40 年代的黑色电影。其主要代表人物有伊门多夫、巴塞利兹、吕佩尔兹、里希特、基辅、波尔克、彭克等人。

论课更强调感觉与创造性之间的关联，同时更注重各种形态之间的依存和融会贯通能力的培养。因此，康定斯基的理论是阐释性、教条性的，而克利的理论却是实验性的，带有游离不定的性质。

1923年，伊顿离开包豪斯后，纳吉在担任金工作坊导师的同时，接替了伊顿的工作。他剔除了伊顿课程中的宗教色彩和个人情感等因素，要求学生掌握设计表现技法、材料、平面和立体的形式与内容，以及形式与色彩的基本科学原理；并将构成主义的方法引入到了基础训练中，为工业设计教育奠定了三大构成——平面构成、立体构成和色彩构成——的基础。此外，纳吉要求学生掌握材料与机械加工的各种工艺，强调设计的社会功能性，并将包豪斯的教学方向由表现主义转向了理性主义，由学习手工艺技能转向了工业化产品设计，为推进工业化产品设计教育做出了巨大的贡献。

由此可以清晰地看出，技术与理论的和谐统一是包豪斯基础教育课程的关键。

4. 包豪斯的活动与宣传

包豪斯非常注重各种艺术思想的交流与艺术活动的组织。1921年，荷兰风格派领袖凡·杜斯伯格的访问与讲学，对包豪斯从表现派转变为构成派起到了重要的推动作用。

同年秋天，格罗佩斯变更了学校的标徽，用施莱莫设计的、明显受到风格派影响的新校徽替代了旧校徽（图3），新校徽具有简洁、清晰与经济的特征，体现了格罗佩斯思想的变化，也预示了1923年以后包豪斯学生培养方向的变化。

1922年2月，格罗佩斯在一份备忘录中表示，放弃战后初期他的乌托邦思想和手工艺倾向，要从工业化的立场来建立新的设计教育体系。从此，包豪斯开始了科学的、理性主义的艺术与工业设计教育。

1923年，包豪斯举办了第一届师生作品展览，主题为"艺术与技术的新统一"。其中，由格罗佩斯和迈耶联合设计的"实验住宅"，将美学与工厂的实际建造方式结合，集中体现了"技术与艺术新统一"的教育思想。展览期间，格罗佩斯在进行主题演讲的同时，还书面发表了其著作《包豪斯的设想与组织》，阐述了他建立包豪斯的根本设想、教学方法和目标。这次展览会不仅提高了包豪斯的声誉，传播了现代主义设计理念，而且还与许多厂商签订了生产合同，成为公共关系建立与形象树立的一次重大胜利。

然而，正当魏玛包豪斯逐渐走向正轨时，1924年德国右翼势力在议会选举中获胜，他们反对包豪斯的民主观念和改革思想，并以各种手段阻挠其发展，最终迫使格罗佩斯于1925年3月末关闭了魏玛包豪斯。

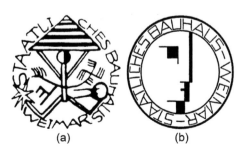

图3　包豪斯新（b）旧（a）校徽（格罗佩斯，1921年）

二、德韶时期

1923 年，德国经济遭遇严重的通货膨胀，政府在进行货币改革的同时，于 1924 年开始实行道威斯计划（Dawes Plan）[3]，从而稳定了德国工业生产，并带来了数年的繁荣，直到 1929 年 10 月美国华尔街股市崩盘。这段时间也正是包豪斯的成熟与鼎盛时期，它开始真正关注工业设计和大规模物美价廉产品的生产。严格来说，包豪斯所倡导的设计与工业化相适应的教育思想，虽然形成于魏玛时期，但真正在教学中得以实现，却是在德韶时期。

1. 初期的状况

魏玛包豪斯关闭后，格罗佩斯经过比较，决定将包豪斯迁往具有良好政治、经济和文化氛围并提供了丰厚资助的德韶。

包豪斯刚迁到德韶时，许多教员还住在魏玛，康定斯基是第一个到德韶定居、安心教学的教师。1925 年，在争取到一笔可观的预算后，格罗佩斯开始设计新的包豪斯校舍，为了尽快使教学正常运行，格罗佩斯以最有效的建筑方式，完成了一个巨型的、综合性的校舍建筑群（图 4）和附近的四栋教员宿舍。这些建筑都采用了非常简洁的形式，以预制件拼装、玻璃幕墙（图 5）等现代化的材料和加工方式建造，且每个部分之间以天桥联系，体现了高度的功能性，是现代主义设计在当时的最高成就。

1926 年，包豪斯的名字被改为包豪斯设计学院，它有史以来第一次把设计与学校的名字结合在了一起，以示与其他艺术教育院校的区别，使学校的形象和教学的目的性更加明确化。德韶包豪斯的气氛活泼、宽松，使包豪斯进入了其发展史上最美好和最富有成就的阶段。

图 4　包豪斯校舍（格罗佩斯，1925 年）

图 5　德韶校舍内的玻璃幕墙（格罗佩斯，1925 年）

3　道威斯计划是德国战争赔偿委员会提出的解决战争赔款问题的报告。该计划实际上结束了由法国及由它控制的赔委会在德国赔款问题上的支配作用，确立了以美国为主的多国支配机制，为美国私人资本流入德国和有效地从其他协约国收回战债创造了条件；从经济上扶持了德国，对战后德国经济乃至世界经济的恢复和发展起到了积极作用。

2. 新教员的到来

1925 年包豪斯迁到德韶后，又有 12 名新教员加入，包括包豪斯 6 位留校任教的毕业生，他们是真正意义上的具备理论与实践结合能力的设计型教员，大大增强了学校的教学实力。这 6 位教师分别是约瑟夫·阿尔伯斯、马歇尔·布鲁耶尔（Marcel Lajos Breuer，1902—1981）、赫伯特·拜耶（Herbert Bayer，1900—1985）、辛涅克·谢柏（Hinnerk Scheper，1897—1957）、朱斯特·施密特（Joost Schmidt，1892—1948）和古塔·斯托尔兹（Gunta Stolzl，1897—1983）。图 6 是包豪斯德韶时期的全体教员，从左向右依次为约瑟夫·阿尔伯斯、辛涅克·谢柏、默赫、莫霍里·纳吉、赫伯特·拜耶、朱斯特·施密特、沃尔特·格罗佩斯、马歇尔·布鲁耶尔、瓦西里·康定斯基、保尔·克利、里昂·费宁格、古塔·斯托尔兹、奥斯卡·施莱莫。

约瑟夫·阿尔伯斯从 1920 年开始在包豪斯学习，当时他 31 岁。1923 年，阿尔伯斯留校后，与纳吉在基础课教学中组成了黄金搭档，之后主持基础课程教学，为包豪斯基础课程体系的完善做出了很大的贡献。

马歇尔·布鲁耶尔，匈牙利人，主要方向是产品设计。他从自己的阿德勒牌自行车的把手上得到启发，首创了钢管家具。此后，他将钢管与皮革或纺织品结合，设计出大量功能良好、造型简洁的现代家具。为了纪念他与老师康定斯基的友谊，他将自己 1925 年设计生产的第一把钢管椅子命名为"瓦西里椅"（Wassily Chair）（图 7）。布鲁耶尔致力于家具标准化的研究，并进一步提出"植入式家具"（Build-in Furniture）的概念，同时预言家具的发展在经历了从木材到钢管的过程后，向气垫化发展的趋势。

图 6　包豪斯德韶时期的全体成员

图7 瓦西里椅（马歇尔·布鲁耶尔，1925年）　　　图8 无饰线小写字母（拜耶，1925年）

图9 球形顶灯（布兰特，1926年）

赫伯特·拜耶是奥地利人，在绘画、平面设计、摄影、版面设计等方面表现突出。1925—1928年负责包豪斯的印刷设计系期间，他将魏玛时期的一个为艺术服务的印刷系，转变成为了一个主要采用活字印刷、为机械化生产服务的新的设计专业。他主张简单的字体，创造了一种以小写字母为中心的无饰线体（图8），成为包豪斯字体的一个鲜明特征。

总之，这些年轻、热情的教师具有多元化的特征，拥有全方位的设计能力和较强的实践经验，对包豪斯现代主义的工业设计教育的开展发挥了巨大的作用。

3. 教育体系的建立与基础课程的成熟

（1）教育体系的建立与完善

包豪斯由魏玛迁到德韶后，改变了魏玛时期的自由主义倾向，将重点放在了发展严谨的教学体系上。这些调整主要体现在以下几个方面。

首先，魏玛时期的"双轨制教学模式"被完全废除，采用充分发挥教授个人才干的"弹性教学法"；同时学校请工匠来协助教学，但他们不再享有与教授同样的地位。在魏玛时期，教师被称为"导师"，而在德韶时期，教师则改为正式的教育称谓"教授"。之前，学生需要获得外来机构颁发的资格证书，后来只需获得包豪斯自己授予的学位。此外，魏玛时期的民主制度也由校长独权制所取代。

其次，实验作坊也进行了一系列调整。在关闭了一些旧作坊的同时，学校开设了新的实验作坊，并调整了部分作坊的实验方向。其中，最具特色的是纳吉主持的金属作坊。纳吉运用构成风格，将几何形式与经济的原则、理性主义的技术因素相结合，采用不同材料，设计出了许多优秀的工业产品。如学生玛丽安娜·布兰特（Marianne Brandt，1893—1983）于1926年设计的球形顶灯（图8-9），便是包豪斯的著名产品之一，它将玻璃与金属材料进行结合，开创了现代灯具的新工艺。此外，玛丽安娜·布兰特在1927年为莱比锡的科汀和马希尔森（Körting & Mathiesson）公司设计的康德姆（Kandem）床头灯（图10），造型简洁圆润、工艺简单，迄今仍在生产。家具车间也在布鲁耶尔的主持下，开创了现代钢管家具的新时代；印刷作坊则在拜耶的主持下，将教学的重点由印刷转到了版面设计、字体设计及广告设计上。

成立于1926年，并在1927年开始招生的建筑系，是德韶包豪斯重要转变中的一个亮点。该系由格罗佩斯筹划、瑞士的建筑设计大师汉斯·迈耶主持，实现了包豪斯以建筑为中心，综合一切设计活动进行教育研究的最初设想。

从1925年开始到1927年，包豪斯出版了由格罗佩斯和纳吉共同主编的一套现代设计教材《包豪斯丛书》（Bauhaus Books），共14卷。丛书以结合现实和设计革新为特色，内容广泛。此外，包豪斯还于1926—1933年间，出版了以建筑与造型设计为主的期刊《包豪斯》，共14期。

德韶时期的重要调整和完善，还包括1925年由阿道夫·萨摩菲尔德（Adolf Sommerfeld）提供资金成立的包豪斯有限公司，负责销售学校的产品专利和设计方案，以保证学校独立的经济来源。

（2）基础课程的成熟与完备的课程体系

魏玛时期创立的预科教育体系，在德韶的1925～1928年间也逐渐成熟，被称作基础课程，学制为一年。1928年，纳吉辞职，阿尔伯斯接替了纳吉。阿尔伯斯注重研究各种材料的特性与可利用性，尤其在利用纸——这种简单材料为设计提供各种新的可行性的研究方面，做出了很大的贡献（图11）。最终，包豪斯的基础课，在经历了伊顿的表现主义、纳吉的理性主义和阿尔伯斯的形式主义三个阶段后，渐臻成熟，并达到了一个前所未有的高度。

图10　康德姆床头灯（布兰特，1927年）

图11　三维空间纸构成（阿尔伯斯，1927）

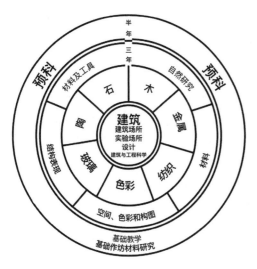

图12 包豪斯教学图表（格罗佩斯，1922年）

包豪斯教育体系的主要特征是：① 设计中强调自由创造，反对模仿抄袭，墨守成规；② 将手工艺同机器生产结合起来；③ 强调各类艺术之间的交流融合；④ 学生既有动手能力，又有理论素养；⑤ 将学校教育同社会生产挂钩。其教学图表如图12所示，具体课程内容包括：

必修基础课程

第一学期：材料分析等课程（组合练习、纸造型、纸切割练习、铁皮造型练习、铁丝构成练习、错觉练习、玻璃造型练习）

第二学期：空间构成与构成练习（悬体练习、体积与空间练习、不同材料结合的平衡练习、结构练习、肌理与质感练习、铁丝与木材的结合练习、设计绘画基础）

辅助基础课程

第一学期：自然分析与研究（分析绘画）

第二学期：自然现象分析（造型、空间、运动和透视研究）

工艺技术基础课程

家具、木工、陶瓷、金工、彩色玻璃、编织、壁纸、印刷

其他基础课程

色彩基础、绘画、雕塑、图画、摄影等

其余课程

i）专业设计课程（产品设计、舞台设计、展览设计、建筑设计、平面设计等）

ii）理论课程（艺术史、哲学、设计理论等）

iii）与建筑专业有关的专门工程课程

4.迈耶的泛政治化时期

1928年，格罗佩斯辞职，由建筑系的负责人迈耶接任校长。迈耶认为，设计师首先应该有鲜明的、为无产阶级服务的政治立场，强调从产品的功能与结构关系中寻找造型规律，强调设计的技术、经济与社会关系，并将教学的中心转向了基于科学与专门知识的建筑教育。

迈耶对学校进行了大胆的改革。他将建筑系分成两个部分，其一为建筑与建筑理论部，另一个为室内设计部，并组成了广告系。同时，为了培养广告行业与新闻行业的摄影师，学校设立了三年制的摄影专业课程和学位课程。迈耶严格要求教学必须重视应用，强调设计与企业的联系，重视学生的工作和就业。而在以建筑设计为中心的教学中，迈耶聘请了

一批建筑师担任教员，此举开创了基于科学知识而非艺术的现代工科设计教育体系的先河。

迈耶的改革，在促进设计教育的同时也给包豪斯带来了一系列问题，甚至是毁灭性的灾难。一方面，大量艺术课程的删减与教育理念的不同，使得纳吉、布鲁耶尔、拜耶等一批优秀教师先后离开；另一方面，迈耶组织学生成立的共产主义基层小组，引起了社会各界的强烈攻击和德韶市政府的不满。最终，迈耶被迫辞职，标志着包豪斯泛政治化时期的结束。这时的包豪斯已经历了多次打击，失去了格罗佩斯时期的风采。

5. 德韶时期的结束

迈耶辞职后，1930 年 8 月，密斯·凡·德·罗在严峻的形势下，接任了包豪斯的第三任校长。凡·德·罗是现代主义最重要的建筑设计大师之一，他以自己富有突破成果的设计实践，奠定了明确的现代主义建筑风格，并提出"少即多"的原则，对现代设计与现代设计教育，均产生了深远的影响。

为了尽快使包豪斯走出困境，凡·德·罗对学校进行了严格整顿，清除了部分激进的学生，禁止任何政治活动。同时，他将整个学校分为两部分，即建筑设计和室内设计，形成了以建筑设计为核心，凝聚其他专业的设计教育体系。凡·德·罗主张以统一的方法论来创造产品的形式，将产品形式视为建筑空间结构的延伸。经过这些调整，学校勉强回到了正轨。

但 1931 年，德国的纳粹党已经逐渐控制了政权，由于包豪斯崇尚的自由风气及民主倾向，1932 年 9 月，德韶包豪斯被纳粹强行关闭。当时，雅马瓦西（Iwao Yamawaki，1898—1987）创作了一幅的摄影拼贴画（图13），以支离破碎的画面表达了对强权的控诉和对法西斯铁蹄趾高气扬地践踏文化的嘲讽。

三、柏林时期

德韶包豪斯被关闭后，凡·德·罗将包豪斯迁到了柏林，作为一所私立学校开业。凡·德·罗将学校的名称改为"包豪斯教学研究院（Bauhaus Freies Lehr-und Forschungsinstitut）"，校址设在一个废弃的电话公司内。

1933 年元月，希特勒上台，由于包豪斯的布尔什维克倾向为纳粹政权所不容，4 月，纳粹德国的文化部还是下令关闭了包豪斯。同年8 月，凡·德·罗宣布包豪斯正式解散。

图 13　拼贴画"向包豪斯进攻"（雅马瓦西，1932 年）

包豪斯解散后，以格罗佩斯为代表的大批师生为了逃避政治迫害而移居美国，把欧洲现代主义的设计思想和教育理念带到了美国，最终使包豪斯的工业设计教育体系在全世界得以普及。

第三节　包豪斯对工业设计的影响与意义

虽然包豪斯只存在了 14 年，但其在设计史中的地位与影响是无法估量的。

首先，它奠定了现代工业设计教育体系的基础，尤其是它开创的强调理论与实践相结合的基础课程，使设计教育第一次建立在科学和理性的基础上。

其次，包豪斯提倡集体创作，并通过工作室制度贯彻艺术与技术相结合的教育思想。

第三，包豪斯的教育要求，是在工业化大生产的基础上实现"艺术与技术的统一"；它主张采用新材料、新技术，强调功能结构和问题的解决；同时，由于受到构成主义以及风格派等艺术思想的影响，它形成了以几何形态、简洁理性为特征的包豪斯产品设计的风格，为现代工业产品的设计创造了新的视觉语汇，并在实现现代设计教育与工业企业密切联系的基础上，奠定了现代工业产品设计的基本格局和观念基础。

包豪斯成功地建立了以理念和解决问题为中心的欧洲设计体系，后来，其成员将这种精神与美国商业化潮流相结合，形成了国际主义风格，对世界现代设计的发展，再次产生了巨大的促进效应。

尽管在人性化和多元化风格呼声日益高涨的今天，包豪斯过于强调抽象几何形态的风格也受到了质疑和批评，但是，无论人们如何评价包豪斯，它在工业设计历史中所占据的重要地位是无法动摇的。而且，包豪斯精神并没有消逝，它在与当今社会特点相结合的同时，继续得以延伸和演变。

思考题

1. 简述包豪斯发展的三个阶段。

2. 简述包豪斯对现代工业设计的贡献。

3. 简述包豪斯教育体系的特点与其基础课程对现代设计教育的意义。

4. 搜集资料了解包豪斯的详细课程安排，与你目前的专业课程进行对比，分析现有课程设置的合理性。

5. 如何看待包豪斯的风格与当代设计的关系，在多元文化共存的今天，包豪斯的风格应如何评价。

6. 认真研究一下三维空间纸构成，并尝试用纸来构造一种新的空间形态。

7. 试分析"向包豪斯进攻"拼贴画的艺术价值。

延伸阅读

1. ［英］弗兰克·惠特福德，林鹤 译，包豪斯，生活·读书·新知三联书店，2001 年 12 月。

2. 黄丽雅、蒲艳，"论包豪斯初步课程的教育特色"，美术学报，2009 年第 1 期。

3. 李晓楠，"包豪斯大师们对现代设计的贡献"，科技促进发展，2009 年第 7 期。

4. 祝帅，"包豪斯运动九十年——以包豪斯在中国的研究与接受为中心"，美术观察，2009 年第 5 期。

5. 张志宏，"包豪斯与乌尔姆教育理念对中国现代设计教育的现实意义"，美术研究，2008 年第 1 期。

6. 聂辉，"历史的反思——包豪斯理念的再认识"，艺术教育，2008 年第 7 期，2008 年。

第九章

CHAPTER 9

装饰艺术运动

（1920—1939）

装饰艺术运动（Art Deco），演变自 19 世纪末的新艺术运动，是 20 世纪 20 年代初在欧洲发展起来的一场国际性的运动，影响到建筑、平面、室内、家具、工业、雕塑、绘画、纺织以及服装等各个方面。装饰艺术运动在时间上处于手工业向工业化的过渡时期，与欧洲的现代主义运动几乎同时发展，呈现出注重传统装饰与现代造型设计的双重性。它反对中世纪的复古装饰、工艺美术运动和新艺术运动的自然装饰，也批评单调的工业化风格。从装饰艺术运动的材料选用和设计形式上，我们可以明显看出现代主义的影响，但在意识形态上，其主要的服务对象仍旧是社会上层，缺乏现代主义的民主意识，并非站在为大众而设计的立场。

贝维斯·希利尔（Bevis Hillier，1940—）在《艺术装饰风格》（Art Deco Style）一书中写道："艺术装饰风格从各种源泉中获取灵感，包括新艺术中较为严谨的方面、立体主义和俄国芭蕾舞、美洲印第安人艺术以及包豪斯。与新古典一样，它是一种规范化的风格，不同于洛可可和新艺术。它趋于几何化又不强调对称，趋于直线又不囿于直线，并满足机器生产和塑料、钢筋混凝土、玻璃一类新材料的要求。"装饰艺术运动在艺术设计史上所处的时段可说是非常的微妙——在其之前，有从古代文明延续到当时的庄重而唯美的手工艺世界；在其之后，是正处在萌芽期乃至轰轰烈烈发展起来的现代主义运动和工业化生产。因而，装饰艺术运动就成为了设计史上一个承前启后的篇章。

第一节　装饰艺术运动产生的背景

19 世纪末 20 世纪初，欧美国家的工业技术发展迅速，极大地促进了生产力的发展。美国学者玛丽琳·斯托克斯塔德（Marilyn Stokstad）在《简明艺术史》（Art：A Brief History）写道："这个世界自法国革命的时代以来，一直没有像 20 世纪初期那样以这种令人眩晕的步伐前进过。"这一时期的世界经济、文化和意识形态都在发生空前的变化，新的生产方式和新的生活节奏带来了各领域里的革命。它动荡不安、令人困惑，同时也生机勃勃、激动人心。

装饰艺术运动最早出现在法国。这与法国在 20 世纪 20 年代的文化与经济地位是分不开的。当时，法国的巴黎仍然是欧洲古典艺术和现代艺术的前沿阵地，同时也是法国上流社会的云集之地。恰值第一次世界大战已经结束，欧洲重新迎来了稳定的政治经济局面，厌倦了战争的丑陋和贫困生活的法国上层阶级，充满希望地想要回归战前奢华、快乐的美好时光。以法国为首的各国设计师，开始站在新的高度肯定机械化生产，对采用新材料、

图 1　巴黎现代工业装饰艺术国际博览会招贴画（1925 年）

新技术的现代建筑和各种工业产品的形式美和装饰美进行新的探索，从多方面寻求灵感，尝试创造一种新奇的现代装饰形式，来满足富有阶层对奢华的需求和猎奇心理，力求在适应机械化生产的前提下，使工业产品更加美化。当时，运用装饰使机械形式和现代特征更加自然与华美的倾向，普遍存在于法、英等国的设计尝试中。新的设计与艺术风格的发展，促使新的设计实验应运而生——这就是装饰艺术运动。

1925 年，经过长时间筹备的巴黎现代工业装饰艺术国际博览会（Exposition Internationale des Arts Decoratifs Industriels et Modernes）（图 1），终于在艺术家的共同努力下拉开了大幕。展览会吸引了 1600 多万参观者前往参观，成了一次新艺术运动之后建筑与装饰风格的庆典：一间又一间的戏院，150 座展示新颖现代美学品位设计的展厅；到夜间所有的门、桥、喷泉及重要地标全都被无数小灯泡照亮；埃菲尔铁塔也被装饰上 20 万颗小灯泡及雪铁龙 Logo。人们举目所见，尽是音乐、舞蹈、艺术的气氛及所有新奇的艺术形式。部分展馆由著名的建筑大师勒·柯布西埃设计，充分糅合了装饰艺术运动的手工艺和工业化的双重特征，呈现出的高贵和现代的复合风貌，正符合新兴富裕阶层的品位。

装饰艺术运动得名于该大展的名称中的"Art Deco"，后来，设计艺术界用这一名称来命名这种特定的艺术风格和设计发展阶段。

第二节　装饰艺术运动的装饰形式及其影响因素

一、埃及风格的复兴

1922 年，英国考古学家豪瓦特·卡特（Howard Carte，1874—1939）的发现，使得距今 3300 年前的埃及古代帝王墓——图坦卡蒙墓重见天日。大量出土的绚丽文物所展示出的埃及古典艺术震撼了欧美的设计界。强烈装饰效果的艺术品、金属器具的光泽、陶器上的黑白色、古建筑的装饰纹样等，都激发着设计师们的灵感。如出土的黄金面具，用简单的几何装饰纹样、金属色和黑白色系列搭配，营造出高度的装饰效果。古埃及建筑装饰图案中，从大自然中抽象出来的几何图案及多样化的变形处理，也给了设计师们强有力的启示，如美国建筑师伯特伦·古德林（Bertram Grosvenor Goodhue，1869—1924）设计的内布拉斯加州议会大厦的议院大门（Senate Chamber Door）（图2），就可以看到明显的埃及文化的痕迹；而克拉丽斯·克利夫（Clarice Cliff，1899—1972）设计的咖啡具（图3），也融合了这些特征。

二、原始艺术及殖民地文化的影响

原始艺术的影响，特别是来自非洲和南美洲的原始艺术，对20世纪欧洲的前卫艺术的影响也是非常大的。这种影响也同样反映在装饰艺术界，非洲木雕的淳朴、明快简洁，非洲面具的夸张和象征性，都带给设计师以全新的冲击。1922年，在法国马赛举办的"海外领地展览"展示了众多殖民地国家的艺术品。各种各样的装饰图案，遥远的热带、亚热带地区的植物和动物，为法国设计师的装饰设计提供了广泛的选择。像珍珠、象牙这些来自殖民地国家的材料被用于法国的装饰设计中，家具设计也使用了丰富的进口木材。陆续举办的"殖民地展览"，不断扩大了外来文化的影响。这些原始艺术成了设计师进行构思和创作的形式素材，常用的有阳光放射形、阿兹克特放射形、金字塔形、曲折形等简单的几何图案。如让·古尔登（Jean Goulden，1878—1946）设计的座钟（图4），就大量采用了简洁拙朴、曲折棱边等明显带有非洲部落文化特征的造型，营造了十分独特的视觉效果。

图3　咖啡具（克利夫，1930年）

图2　内布拉斯加州议会大厦议院大门（古德林，1922）

图4　座钟（古尔登，1928年）

三、从舞台艺术中获得灵感

20世纪初的舞台艺术开始在音乐、舞蹈编导、舞台设计、服装设计等各方面出现区别于传统的重大变革，并通过不断的国际巡回演出扩大了其影响。其中，影响最大是由迪亚季列夫领导的"俄国芭蕾舞团"，它通过音乐会、歌剧、芭蕾舞等形式，逐渐在巴黎、伦敦、柏林等地站稳了脚跟。西方现代艺术大改革的氛围也加速了芭蕾的变革，而这个变革反过来又影响到设计，导致新设计风格的出现。20世纪20年代最出众的艺术家，包括巴勃罗·毕加索、亚历山大·贝努阿（Alexandre Nikolayevich Benois，1870—1960）、雷昂·巴克斯特（Léon Samoilovitch Bakst，1866—1924）、亨利·德雷夫斯（Henry Dreyfess，1903—1972）等在内的大多数人，都曾为迪亚季列夫工作过。俄国芭蕾舞团的舞台和服装设计都非常前卫，大量采用金属色彩和强烈的色彩，其总设计师雷昂·巴克斯特的设计，不但影响到了各国的设计师，而且导致了法国时装设计的开始。"如果说装饰艺术风格的外形特征来源于立体主义，那么，它的色彩特征则来源于俄国芭蕾——这才真正是当时的一个时代现象。"俄国芭蕾，为装饰艺术运动引入了令人耳目一新的震撼性的色彩——艳俗的橘色，翡翠绿和玉绿色，紫色，色谱上的任何种类的深红、大红色，以及金属色系列和原色系列，如芭蕾舞剧《火鸟》剧照中所展示（图5）。

同时，美国爵士乐那种强烈、节奏鲜明而特殊的民间音乐和演奏方式，对设计师来说也是极为新鲜和富有感染力的。这体现在设计上，就催生了特殊的韵律感和强烈对比色彩的运用。

四、汽车的发明

汽车自从1898年被发明以后，很快便成为重要的交通工具。人类逐渐进入汽车交通时代，而汽车也成为20世纪人类文明的象征之一。作为现代化生活的一部分，汽车的造型、速度感和时代感，也成为那个时期的设计师们纷纷采用的素材。

图5 芭蕾舞《火鸟》剧照

第三节　装饰艺术运动在欧洲的表现

装饰艺术运动在欧洲，特别是法国，主要集中体现在豪华奢侈品的设计上，如家具和室内设计、珠宝首饰及工艺品等。

一、家具与室内设计

法国的豪华家具制作方面可谓源远流长。巴洛克时代流行繁琐装饰，自新艺术运动以来，法国的设计师们开始了寻找非传统装饰风格的探索。其中，用比较纯粹的形式来与传统的繁琐装饰相抗衡的尝试，给装饰艺术运动的法国家具设计带来明显的启示。法国装饰艺术风格的家具设计糅合装饰与简练，在设计内容、产品结构、技术和材料等条件的约束下，创造出了一种独特时尚的装饰形式。

在家具设计上，装饰艺术风格一方面注重豪华的装饰效果，用各种昂贵的材料，如青铜、象牙、动物皮革等作为家具的表面装饰；另一方面在家具造型上采用简单的几何造型，达到装饰与简练的相互烘托、对家具细节的强调，以展现家具的豪华格调。在室内设计上，它偏重采用贵重豪华材料和纺织品，造型夸张、变形，东方情调也被引入到室内设计中，营造出了绚丽多彩的装饰品位。在室内装饰上，它运用更新更奇，特别是一些珍贵的木材，如亚洲蔷薇木、巴西红木、南非柠檬木等，并用动物皮革来镶拼，如蛇皮和染色的鲨鱼皮，效果极尽奢华。

在家具和室内设计这一领域，当时著名的欧洲设计师主要有爱尔兰的艾林·格雷（Kathleen Eileen Moray Gray，1878—1976）、法国的让·杜南（Jean Dunand，1877—1942）、雅克－艾米尔·鲁尔曼（Émile-Jacques Ruhlmann，1879—1933）、皮埃尔·夏罗（Pierre Chareau，1883—1950）等人。例如，鲁尔曼的设计可说是对装饰艺术运动家具风格的自由诠释，充满了创造性和新奇感，以奢华而精准的品质闻名。如他设计的橱柜（图6），使用了多种进口的木质饰面薄板，诸如黄柏木（老挝产）和乌木（印度尼西亚产），并用象牙等材料作装饰；腿是隆起的，被特意设计成锥形样式，显露在橱柜外。又如，艾林·格雷，她的作品表现出充沛的创造性和革新性，注重豪华的装饰效

图6　橱柜（鲁尔曼，1925年）

果，同时也注重现代主义的表现手法。1932 年，她在为客户苏珊·塔波特进行室内设计时，选择了一些奢华的材料，如斑马、美洲豹的皮革，也选择了能够体现现代主义特点的钢管结构家具，色彩细腻，效果极其精巧。她的作品也包含着一种将家具同工厂生产线而非手工制作联系在一起的渴望。特别是她在 1927 年设计的"E1027"桌子（图 7），运用了钢和玻璃材质，与机器的联系已经延伸到了各个部件的组装上——就连螺丝钉都是可以被用来调节桌子的高度的。由于她的设计立场处在装饰艺术和现代主义之间，她的作品一再受到重视，其艺术风格直到 20 世纪八九十年代仍然受到欢迎。

法国装饰艺术运动对东方艺术的迷恋，引发了设计师们用东方的一些艺术形式作为装饰手段的尝试，如漆器主要用于屏风、门、家具以及其他装饰构件，营造细腻光滑的质地与效果。其中的代表人物有让·杜南和艾林·格雷。杜南对漆器的装饰潜力产生兴趣，于第一次世界大战后潜心研究，探索了多种漆器的装饰肌理，对促进漆器在法国和欧洲的普及与发展贡献巨大。杜南于 1914 年设计的孔雀盘（Peacock Tray）（图 8）是其代表作之一，在器物外形上颇具日本特色，细腻圆润，而孔雀的绘制手法则吸收了中国工艺的特点。他设计的邮轮"诺曼底"号的室内装饰，就大量使用了漆器屏风，装饰图案非常精细。

二、工艺品与平面设计

在装饰艺术运动中，小的摆件等工艺品，如花瓶、陶瓷、小型雕像等，都富有特色，大放光芒。很多小器具通过设计成为了良好的装饰品。

在玻璃器皿设计方面，欧洲著名的设计师主要有勒内·拉利克（René Jules Lalique，1860—1945）、弗朗西斯 – 艾米尔·德克切蒙（Francois-Émile Decorchemont，

图 7　E1027 桌子（格雷，1927 年）

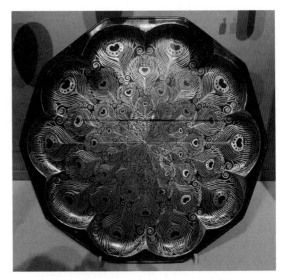

图 8　孔雀盘（杜南，1914 年）

1880—1971）、阿米里克·沃尔特（Almeric Walter，1870—1959）和莫里斯·玛瑞诺特（Maurice Marinot，1882—1960）等。特别是法国的玻璃设计师，在设计运动中沉醉于复杂和丰富的玻璃表现手法和效果，取得了世界上独一无二的成就。如在拉利克设计的"金莺鸟"玻璃台灯（图9）中，玻璃材质本身所具有的"平凡"感觉被消除，取而代之的是展现了一位飘逸的女性人物形象，特有的羽翼和形似植物枝条的尾羽，形同扇形图案。玛瑞诺特则长于玻璃的表面处理，用厚重的器壁和气泡来进行装饰，使器皿具备雕塑质感。玻璃工艺中的上釉术，在装饰艺术运动时期重新得到了重视，马塞尔·古皮（Marcel Goupy，1886—1954）是其中的先锋人物。古皮在一系列有色或者无色的玻璃器皿上，用明亮的釉彩装饰内层与外层，使作品具有绘画般的美感（图10）。

金属质地的工艺品在装饰艺术运动初期，艺术家多在自然中汲取灵感，以花卉、禽鸟、羚羊、云朵以及太阳喷薄的光线为主题，具有夸张的表现力，后期则追求一种结构美，以考究的平滑雅致的线条为载体。埃德加·布兰特（Edgar William Brandt，1880—1960）、雷蒙德·苏贝斯（Raymond Subes，1891—1970）等都是当时杰出的金属制品设计师。图11为布兰特设计的羚羊书挡，在功能之外藤蔓和动物雕塑增强了书挡的视觉艺术质量。

在当时风靡的工艺品中，人们还可以看到富有"装饰艺术"韵味的雕塑摆件，大部分反映的是大众崇拜的偶像。受到俄式芭蕾的影响，雕塑家们在这个时期塑造的人物形象，往往带有东方艺术特点——华美、纤细，并同样使用贵重材料——玛瑙、象牙和珠宝，作品呈现出柔美、润泽的装饰性造型。这方面的代表人物有迪米瑞·西帕鲁斯（Demetre Haralamb Chiparus，1886—1947）、费迪南·普列斯（Johann Philipp Ferdinand Preiss，1882—1943）等。他们以当时社会大众所崇拜的偶像为主题，创作了以青铜和

图9 "金莺鸟"玻璃台灯（拉利克，1922年）　图10 釉彩玻璃花瓶（古皮，1928年）　图11 羚羊书挡（布兰特，1930年）

象牙为材料的小雕像和群像（图 12），成为今天我们了解当时风尚的鲜活资料。

平面设计也是欧洲装饰艺术运动的特色之一。当时，迅速发展起来的交通以及越来越丰富的工业产品，都成了那个时期设计的素材，忠实地反映着社会的主旋律。如法国当时的招贴设计，一般具有色彩明快、构图别致的特点，多以巴黎的奢华夜生活作为背景，具有相当强烈的时代感。平面设计的领军人物是阿道夫·卡桑德拉（Adolphe Mouron Cassandre，1901—1968），原名齐格。从 1915 年开始，他被委托设计一系列重要的招贴画，其中包括 1927 年为法国铁路设计的北线快车招贴画（图 13）、1935 年为远洋游船诺曼底设计的招贴等，速度和力量所带来的冲击，在他的交通招贴画中被发挥到了极致。卡桑德拉深刻地意识到画面简洁对于强化招贴画功效的重要性，擅长用鲜艳的色彩和严谨的几何图案来突出设计的主题。在《不屈服的人》招贴画（图 14）中，他充分展现了他对画面的驾驭能力，呈现出放射状的线缆——将真理之音传递给象征法国民众的玛丽安通道，使画面张力十足，给人留下过目不忘的印象。

在法国，装帧设计勇于打破传统，也呈现出鲜明的特色，其代表人物之一就是皮埃尔·莱格瑞恩（Pierre mile Legrain，1889—1929）。他在涉足该领域之前，对书籍装帧一无所知，然而，正是无任何设计规则的羁绊，使他的作品极富创造力。他在装帧上把设计材料运用得酣畅淋漓，甚至将用于制造奢侈家具所使用的材料运用到书籍装帧中，用多不胜数的技巧展现装饰重点——例如拼贴不同颜色的皮革，用木、金、银、箔等镶嵌，或用烫金、彩绘等等。凡此种种，整个书籍装帧界在这样的突破中，不惜把雕刻饰版、金银片、上釉饰版、青铜、象牙的浅浮雕、珍珠母、龟壳、磨光的半宝石等相互融合来营造奢华的感觉。如图 15 是莱格瑞恩于 1925 年设计的凸凹压花纹皮质装帧封面，低调奢华；图 16 是莱格瑞恩在 1925 年为《伊莎贝尔（第 4 版）》做的装帧设计，采用皮质包裹硬木、玻璃珠宝镶嵌的装饰，造型元素极度夸张，富有视觉冲击力。

图 12　青铜象牙雕像（普列斯，1925 年）　图 13　北线快车招贴（卡桑德拉，1927 年）　图 14　《不屈服的人》招贴画（卡桑德拉，1925 年）

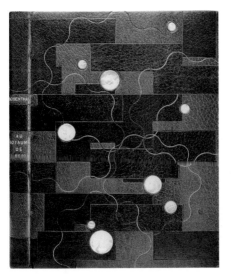

图15　书籍装帧（莱格瑞恩，1925年）

图16　《伊莎贝尔（第4版）》装帧（莱格瑞恩，1925年）

　　虽然汇聚了多种装饰技巧与手法的书籍装帧风格流行的时间不长，但是，它不拘泥于传统，也不囿于现有限制的大胆设计，体现着设计学所倡导的创新创造精神，其作品就像璀璨的明珠，启迪着后来设计师的想象。

三、首饰、时装与服饰配件设计

　　装饰艺术运动豪华、奢侈的设计风格及其服务对象的特殊性，使得欧洲的设计师们在首饰、时装与服饰配件设计上，也取得了跨越性的成就。例如，在20世纪20—30年代，法国的一些时尚设计公司就开始享誉全球，如卡地亚（Cartier）、宝诗龙（Boucheron）、梵克雅宝（Van Cleet & Arpels）等公司，它们设计和生产的首饰全部采用贵金属和宝石装饰，如钻石、金银、红宝石、翡翠等。

　　服装的装饰也吸收了工艺美术和新艺术运动、甚至是东方艺术的元素，面料材质高档，线条自然流畅，或雍容华贵，或俊雅飘逸，无不把装饰形式做到极致。图17是乔治·巴比埃（George Barbier，1882—1932）设计的天鹅绒时装，装饰纹线简洁、疏密有致，配以面料的自然皱纹，飘逸舒展，视觉上颇具典雅之风。

　　巴黎作为世界时尚中心，随着社交场合的增多，与时装配套的用品，如项链、手镯、耳环、胸针、戒指等，都出现了众多的设计风格和样式。在装饰艺术运动中，设计师把对东方艺术、外来文化的借鉴运用到了首饰设计中，形成了几何化、光彩夺目的设计艺术风格。如拉利克设计的珠宝，图案取自巴比伦、玛雅、印第安等古老王国和民族的古代建筑，带来浓郁的异国气息（图9-18）。为了增强装饰效果，设计师们还常用丝线编织绳作为挂饰的链子，缀上漂亮的流苏，以呈现游牧民族的浪漫风情。

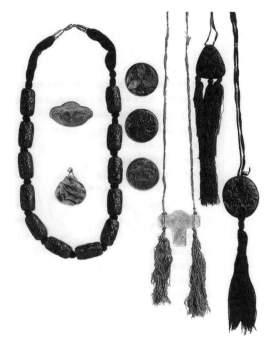

图 17　天鹅绒服装（巴比埃，1923 年）　　图 18　玻璃珠宝（拉利克，1920—1930 年）

第四节　装饰艺术运动在美国的表现

　　装饰艺术运动从欧洲大陆辐射到大西洋彼岸的美国之后，得到了迅速普及，并将设计的重点从如上提及的物品转移到了体量更大的载体——建筑上。美国的装饰艺术运动，开始于纽约和东海岸，逐渐向中西部和西海岸扩展。在美国这个没有传统文化束缚的地方，装饰艺术运动明显带上了古埃及、中国、波斯、玛雅等多种文化的印记，影响到了与建筑相关的室内设计、家具设计等方面，其服务的对象也由在欧洲的面向上流社会逐渐转向了面向大众群体。

一、美国装饰艺术运动的建筑与室内设计

　　装饰艺术风格适应了战后美国展现其国力的需要，因此，从 20 世纪 20 年代开始，它率先在建筑设计上强烈地体现出来，特别是在纽约这样的大都会中，成为建筑风格的时尚。美国装饰艺术运动的建筑显示出了设计师对新材料，特别是金属与玻璃的偏好。纽约的建筑装饰艺术风格，就是装饰动机与新材料运用的结合。

最早的装饰艺术风格的建筑是由麦肯斯·伍利·哥姆林（McKenzie Voorees & Gmelin）建筑公司设计，于 1926 年建成的纽约电话公司大厦（New York Telephone Company Building）（图 19）。它运用现代主义的一些处理方式，混合采用维多利亚与文艺复兴等风格的元素，装饰效果极为强烈。不过，气势恢弘的摩天大楼才能够真正代表美国的"装饰艺术"，其中影响最大的是 1930 年竣工的克莱斯勒大厦（Chrysler Building）（图 20），由威廉·凡·阿伦（William van Alen，1883—1954）设计，是全球第一栋将不锈钢建材运用在外观的建筑；金属尖顶无论在白天还是黑夜都闪闪发光，直入云霄；五排不锈钢的拱形往上逐渐缩小，每排拱形都镶嵌有三角窗，呈锯齿状排列，高耸的尖塔与顶部成为这栋不朽建筑的焦点。洛克菲勒中心（Rockefeller Center）也是这种风格的另一个杰出代表。

艾里·坎（Ely Jacques Kahn，1884—1972）是美国重要的装饰艺术运动的建筑师之一。其设计风格融合了现代主义和装饰艺术元素，代表作有纽约电影中心（The Film Center）（图 21）、斯夸波大厦（Squibb Building）、荷兰广场大厦（Holiand Plaza Bullding）、双园路大厦（Two Park Avenue Building）等十多座著名建筑。由威廉·兰姆（William F. Lamb，1883—1952）等设计的纽约帝国大厦（The Empire State Building）（图 22）很快就超过了克莱斯勒大厦的影响，设计定稿于 1929 年 8 月 30 日，仅用了 24 个月就完成了建筑施工，无论是外表还是内部，它都具有强烈的装饰艺术风格特征。

建筑设计的装饰艺术风格在美国风行一时之后，逐渐发生了变化。这些变化主要表现在：一些设计师开始探索适合于本地区风土人情的改良型装饰风格，强调简单的几何特征，采

图 19　纽约电话公司（哥姆林，1927 年）　　图 20　克莱斯勒大厦（阿伦，1930 年）　图 21　纽约电影中心大厦（艾里·坎，1929 年）

图22　纽约帝国大厦（兰柏，1929年）

图23　洛杉矶联合中央火车站（帕金森，1926～1939年）

用折线型和流线型的结构，使建筑更具有时代感、速度感和运动感。因它发生在美国西海岸的加利福尼亚的一些城市，因此也被称为"加利福尼亚装饰艺术"。

二、加利福尼亚装饰艺术

加利福尼亚装饰艺术的总体风格表现为，将当地原有的装饰手法融入建筑设计当中，形成特点杂呈的特殊效果。其代表建筑是由罗伯特·文森特（Robert Vincent Derrah，1895—1946）设计的洛杉矶可口可乐大厦（Coca-Cola Building）和由约翰·帕金森（John B. Parkinson，1861—1935）设计的洛杉矶联合中央火车站（Union Station，Los Angeles）（图23）。特别是后者，其设计结合了流线型风格、美国殖民地时期风格以及印第安土著文化的特点，有机融合、浑然一体，形成了独有的设计艺术特色。

大体上，加利福尼亚装饰艺术风格的建筑分为两类：一是流行于20世纪20年代的曲折型现代主义（Zig-Zag Moderne），二是30年代的流线型现代主义（Streamline Moderne）。前者与法国装饰艺术运动关系密切，以位于洛杉矶市南百老汇街上的东哥伦比亚大楼设计为代表；后者则是从航空领域，根据空气动力学原理发展起来的风格在其他设计领域的模仿。

三、好莱坞风格

好莱坞风格，是20世纪30年代流行于南加州，以影院建筑为主要设计对象的特殊的装饰风格。它的发展得益于美国电影业的繁荣。1929到1933年，经济危机下电影成了人们最好的一种减压方法。好莱坞电影工业和电影院空前繁荣，那时的影院甚至被称为梦的宫殿（Dream Palace），影院建筑设计这一特殊市场就这样开始了它的黄金时代。

图 24 洛杉矶潘塔格斯剧院（马库斯，1920 年）　　图 25　潘塔格斯剧院内景

好莱坞风格的特征表现为：强调造型简单、色彩浪漫、轻松自然，柔和的"佛罗里达版"装饰也是其重要的参考元素。如由本杰明·马库斯（Benjamin Marcus Priteca，1889—1971）设计，1930 年落成的洛杉矶潘塔格斯剧院（Pantages Theatre）（图 24），造型融合了哥特式的神圣、印加文化的古朴、印第安的简单，几何构型简洁又不失其装饰性；其室内设计（图 25）富丽堂皇、金碧辉煌，古典与现代装饰相映成趣，营造了独特的影院氛围，是典型的装饰艺术风格与好莱坞风格的结合。这些起源于欧洲，又有美国特点的装饰艺术运动的建筑风格，在 20 世纪 30 年代又传回欧洲，反过来影响了欧洲各国设计艺术的发展。

第五节　装饰艺术运动与现代设计

装饰所承载的文化性，赋予了装饰艺术运动深厚的文化根基。这使得装饰艺术运动所追求的唯美世界有别于以往传统，形成了自己融古典与现代为一体、蕴奢华于简约的独特气质。

装饰艺术运动的普及，在很大程度上归因于它的以下特点：

1. 承认机械化的作用、考虑批量生产的可能性；

2. 采用手工艺与工业化结合的指导思想，把奢华装饰融入工业化特征，创造出了以直线、三角形、圆形、之字形、正方形为主体构成的华丽艺术风格；

3. 建立了独特的色彩体系，着重原色和金属色的搭配运用，以及五彩斑斓和激烈昂扬的色彩塑造；

4. 重视新材料与新工艺的应用；

5. 博采众长、善于抽象与融合的风格特征，包括古代艺术、印第安土著文化、日本东亚文化、汽车的速度感、舞台艺术等，都成为了装饰艺术设计灵感的源泉。

正是这些设计特点，使装饰艺术的作品呈现出一种清新的韵律，并迅速在社会上风靡开来。

现代设计的火花在装饰艺术中时有闪烁。英国学者彼得·柯林斯在《现代建筑设计思想的演变》一书中写道："是否真的是由于19世纪过分运用装饰而导致了废弃装饰，还是装饰只不过改换了打扮？"他认为，"装饰并未消亡，它只是不知不觉地融合于结构之中了"。的确，现代主义设计其实就是把装饰与结构同化，才创造出了"无装饰的装饰"。从这方面来看，这场在设计史上承前启后的运动所创造的艺术世界对现代设计的启迪，也颇值得我们琢磨与品味。

思考题

1. 装饰艺术运动受到哪些因素的影响，又表现在什么方面？请举例说明。

2. 试述装饰艺术运动与新艺术运动的区别。

3. 试分析法国装饰艺术运动与世界奢侈品设计的关联，并针对具体某款产品论证你的见解。

4. 简述装饰艺术运动产生的根源。

5. 试析美国装饰艺术运动对北美建筑风格的影响。

6. 试析东方文化元素对美国装饰艺术运动的影响。

7. 请举例论证装饰艺术运动是手工艺与工业化的结合。

8. 试分析装饰艺术运动对于现代社会手工艺传承的启示。

9. 何谓"无装饰的装饰"？试举例说明之。

延伸阅读

1. ［澳］罗伯特·休斯，［澳］欧阳昱 译，新的冲击，百花文艺出版社，2003年1月。

2. 王受之，世界现代设计史（第2版），中国青年出版社，2015年12月。

3. ［英］拉克什米·巴斯科兰，甄玉、李斌 译，世界现代设计图史，广西美术出版社，2007年11月。

4. 高兵强等，装饰艺术运动，上海辞书出版社，2012年2月。

5. 紫图大师图典丛书编辑部，装饰艺术运动：大师图典，陕西师范大学出版社，2004年2月。

CHAPTER 10
商业主义设计风格
（1930—1955）

人类商业活动的历史悠久。在漫长的手工艺设计阶段，因生产能力低下，商业发展的规模受到一定限制。工业革命以后，机械化大批量生产使得市场上供应的商品数量大增；同时，由于城市化的快速发展，大量涌入城市的平民百姓对生活用品的巨大需求，批量消费的趋势形成了。这些因素直接带来了社会商业规模的迅速扩大、市场竞争加剧，商业主义设计风格也就应运而生了。

第一节　商业社会的兴起

在两次世界大战结束后的和平时期，各国经济开始复苏并走向繁荣，社会进入了消费的时代。第一次世界大战后，由于科学技术的发展和机械化、标准化生产的实现，企业大批量制造家用电器、汽车等产品的能力迅速提升，新产品大量涌现。例如，20世纪30年代，以提高生活质量为导向的消费潮流，使得家电产品在美国得以迅速推广，电冰箱、吸尘器、洗衣机和缝纫机等，成为许多家庭的生活必备品。这个时期的职业工业设计师参与设计了一大批新产品，并不断地渗透到大众市场，促进了新的生活方式的形成。

到了20世纪40—50年代，第二次世界大战结束以后，社会经济又重新由低速转向高速发展，世界经济再次繁荣。新的社会经济背景，造就了一个庞大的中产阶级阶层，并形成了以之为中心的消费市场，消费逐渐成为一种时尚。消费高潮的再次出现，刺激了欧洲各国的商业发展，也加速了美国商品市场的发展。人们追求新产品、新设计来反映乐观的心情和富裕的生活；制造商则为了迎合消费者的口味以促进销售，甚至制造时尚来刺激需求和消费。因此，设计成了为商业社会服务的工具。

20世纪60年代，美国经济进入了被称为"丰裕社会"的高度现代化的后工业社会。制造商有意识地通过变换产品式样来刺激需求，商品的生产和销售规模不断扩大，汽车、家用电器进入了几乎每一个家庭，打字机、电话等也进入了办公室。各种各样机器的使用，使人们摆脱了日常生活中的体力劳动的羁绊，花在休闲、娱乐上的时间大大增加。进而，大众逐渐适应了持续的消费、马不停蹄地弃旧换新、追赶新潮的产品。在这一时期，设计在参与建立新型生活方式、繁荣消费市场方面的作用显著增强，在帮助人们完善新型生活方式方面，发挥着不可替代的作用。

经济的高速发展推动了商业社会的繁荣。商业社会最大的特点就是市场机制下的商业竞争。经济学家亚当·斯密斯（Adam Smith，1723—1790）称市场竞争机制为看不见的手，它决定需要什么。在以经济利益为核心的商业社会中，大批量商品的产销被看作是最重要的商业行为。当出现供过于求时，激烈的商业竞争便出现了。为了赚取更大的商业利益，企业会通过升级产品、变换包装、利用各种广告来进行促销，有意识地、不断地持续刺激消费。在这种情况下，工业设计被当作是刺激消费、促进销售的一种重要手段，设计风格也以体现消费者喜爱的流行趋势为主，带有浓厚的商业主义色彩。

第二节　商业主义设计风格与有计划的废止制

从时间上看，商业主义设计风格是与现代主义设计风格平行发展，且影响力巨大的设计流派。20世纪30年代以后，当欧洲各国仍在进行现代主义设计的探索、讨论设计师的责任和设计理论的时候，在美国，美国哲学家约翰·杜威（John Dewey，1859—1952）所倡导的实用主义哲学大行其道。出于商业竞争的需要，企业界已经开始把工业设计当作是一种商业竞争的手段加以利用，并且不断扩大对它的需求。此时的美国，涌现出一批职业工业设计师，较著名的有诺曼·贝尔·格迪斯（Norman Bel Geddes，1893—1958）、哈罗德·凡·多仁（Harold Livingston van Doren，1895—1957）、亨利·德雷夫斯、卢尔莱·吉尔德（Lurelle Guild，1898—1986）、雷蒙·罗维（Raymond Loewy，1893—1986）、沃尔特·多温·蒂格（Walter Dorwin Teague，1883—1960）、拉塞尔·赖特（Russel Wright，1904—1976）等，为企业提供工业设计服务。设计师们与企业界密切合作，造就了一个前所未有的巨大的消费市场。在商品经济规律的支配下，现代主义的信条"形式追随功能"被"设计追随销售"所取代，形成了蓬勃发展的美国商业主义设计运动，影响深远。即使在20世纪40—50年代，当现代主义设计在欧美取得巨大成功的时候，商业主义设计的影响仍不可忽视。

在设计理念上，商业主义设计与现代主义设计是背道而驰的，其设计的指导思想也从拉斯金"解决人的生活问题"转变为"为利润而设计"。它追求时髦的样式、花样的更新，以吸引更多消费者，达到促进商品销售、摄取经济利益的目的。这种设计忽视功能主义的设计原则，有时为了样式甚至以牺牲部分使用功能为代价，因此是形式主义的。商业主义设计往往以新奇、夸张的形式和纯视觉化的手法来反映当前的时尚和流行趋势，例如，20世纪30年代的美国商业主义设计，表现的是人们对于财富、动感和速度的向往，在商业上取得了巨大的成功。

美国的汽车设计是商业主义设计的典型代表。当时，在汽车设计中推行的"有计划的废止制"，体现了商业主义设计的核心思想。在某种意义上，商业主义设计就是有计划的废止制。有计划的废止制是通用汽车公司总裁阿尔弗莱德·斯隆（Alfred Pritchard Sloan Jr.，1875—1966）和设计师哈利·厄尔（Harley J. Earl，1893—1969）为了促进汽车的销售，在设计中有意识地推行的一种制度。这里所说的废止，是指每一年或者每个季节都会引进新的色彩、图案或者样式，使以前生产的产品显得落后于时代，以刺激消费者去购买最新、最"现代"的产品；在设计汽车新式样时，有计划地考虑以后几年间式样的更替，使汽车的式样最少每两年有一次小变化，每3—4年有一次大变化，通过人为的方式使式样过时或使功能"老化"，进而迫使消费者放弃已有商品而不断购买新的产品。

有计划的废止制有三种表现形式：

1. 功能性废止，使新产品具有更多、更新的功能，从而替代老产品；

2. 式样性废止，不断推出新的流行式样和款式，使原来的产品过时，而被消费者废弃；

3. 质量性废止，在设计时预先设定产品的使用寿命，使其在一段时间后无法使用。

有计划的废止制迎合了经济繁荣时期人们追求高、新、奇、特的消费心理，刺激了人们的购买欲望，为工业设计创造了一个源源不断的应用市场。同时，对于制造商来说，这种方式也能有效地控制开发新产品带来的风险，并在持续不断的生产中，形成带有折中主义色彩的产品的多元化，从而给企业带来巨大的经济利益。

有计划的废止制这种设计观念，很快波及包括汽车在内的几乎所有产品设计领域，在设计上形成了一种只讲式样、不讲功能的形式主义设计思潮，在刺激美国经济高速发展的同时，造成了自然资源与社会财富的巨大浪费和对环境的剧烈破坏。有计划的废止制对战后美国乃至今天的新兴工业国家的工业设计的影响是深刻的。

第三节　20世纪30年代的流线型样式设计

20世纪30年代的流线型样式，是商业主义设计风格在设计中的一种具体体现。20世纪20年代末，美国经济出现大萧条。当时，大多数设计师的想法是要设计出更好的样式，使产品在竞争市场上最振奋人心、最时尚、最吸引人，否则，很难在那样一个特殊时期推销成功。因此，寻找一种崭新的样式便成为了共识——这种样式应该是激动人心的，能充分反映大工业时代进步的，现代的，甚至象征未来的。

流线型不仅具有新颖性而且象征高技术，光滑，又富于动感，满足了当时人们对时尚消费的追求，因而成为了一种流行趋势，史称流线型风格，也称"流线型现代风格"。

其实，流线型源自仿生学和空气动力学的概念，在自然生物中流线型普遍存在。例如，鱼的形态就是为了尽量减小水的阻力、更好地在水中游动，自然进化而形成的。最早使用流线型的设计师是意大利约瑟夫·麦若西（Giuseppe Merosi，1872—1956）在1914年为卡斯塔纳（Carrozzeria Castagna）公司设计了"泪珠形"汽车，但它未能进入生产阶段。真正产生影响的是 1921 年匈牙利工程师保罗·加瑞（Paul Jaray，1889—1974）在研制流线型汽车模型时进行的风洞试验，为运动速度与流线型造型的关联提供了科学的解释。加瑞是第一批在流线型风格上获得商业成功的设计师之一，他的风洞试验证实，流线型能减少风阻，提升汽车的速度和稳定性，并能在高速行驶时降低油耗。因此，流线型的科学性被肯定了。这对后来的欧美汽车和飞机设计产生了深远的影响。

飞机出现以后，流线型被广泛使用。例如，1921 年，在德国工作的奥地利飞机设计师爱德蒙·伦普勒（Edmund Rumpler，1872—1940）就尝试设计了一款流线型飞机，但没有投入生产。1933 年，波音飞机公司设计了波音 247 型飞机；同年，道格拉斯飞机公司也生产了 DC-1 型飞机。这些飞机使用全金属结构，采用流线型的蒙皮将机翼与机身合为一体，整体结构取代了原来笨重的盒式框架机身和沉重的双层支撑翼。这两种飞机在 1934 年的国际飞行比赛中分别获得了第 2、第 3 名，一位参赛的驾驶员西里尔·凯（Cyril Kay）回忆说："只要瞧一眼它们空气动力学的简洁线条和闪闪发光的蒙皮，就足以认定它们是当代设计的佼佼者。"流线型飞机在二战期间表现出了优异的飞行性能，也在某种意义上促进了流线型风格的广泛传播。

在 1930 年的美国，流线型风格很快在汽车工业中广为蔓延。此前汽车的设计重点放在车体的结构上，自从流线型流行以后，设计风格立即转变，汽车的样式被改变了。1933—1934 年，设计师理查德·福勒（Richard Buckminster Fuller，1895—1983）设计了全流线型的"迪玛西安"（Dymaxion）（图 1）。这是一款采用"泪珠形"外观的三轮汽车，很节省燃料；1934 年，工程师卡尔·布里尔（Carl Breer，1883—1970）为克莱斯勒（Chrysler）公司设计生产了"气流形"（Air Flow）小汽车（图 2），把车的发动机罩的双曲线与车身光滑地连接起来，通过挡泥板和脚踏板的流畅线条来加强车身流线型，大量的精力被花在了追求车身的整体效果和美感上。

在设计上，由于过分强调了外观的几何表现、着重样式上的新颖性，流线型被看作是一种外在的"样式设计"。这种追求外观美感的样式设计，与 20 世纪 30 年代经济大萧条时期的社会经济状况有一定联系。

图 1　流线型"迪玛西安"汽车（福勒，1933 年）

图 2　"气流形"小汽车（布里尔，1934 年）

从功能上看，高速行驶的飞机、汽车、火车采用流线型设计是合理的，但静态产品的设计则并非必要。然而，在 20 世纪 30 年代末，由于"流线型"成了"现代"的代名词，是对速度的形式感展现，它圆滑流畅的形状更加符合大众的趣味和追求，因而被看成是一种时髦的设计风格。在商业主义思想的驱使下，美国的工业设计师及时捕捉到了人们对这种时尚的好感，在设计中把流线型当作一种象征速度和时代精神的造型语言，广泛使用在家用产品的外观设计上。流线型的收音机、烤面包箱、电冰箱、打字机、打火机等产品的接踵出现就是例证。

在艺术上，流线型带有未来主义和象征主义的特点，其本质是用象征性的表现手法，来体现工业时代的时代精神，如速度、效率之类的概念，迎合当时人们崇尚自由、追求美好生活的情感需求，是一种走向未来的标志。所以，流线型设计带有典型的现代风格的特征。

美国设计师雷蒙·罗维是现代样式设计的一个有代表性的人物。他在 1933 年设计的一个削笔器（图 3），使用了镀铬的表面，并运用了"泪珠形"的流线。从 20 世纪 30 年代中期到后期，罗维主持的两个主要项目——为西尔斯百货公司设计的"超级六号"冰点电冰箱（图 4）和为宾夕法尼亚州铁路公司设计的火车机车（图 5），都大量采用了流线型元素。特别是"超级六号"电冰箱采用大圆弧的崭新形象，浑然一体的箱体看上去简洁明快，与 20 世纪美国的厨房很匹配。同汽车的有计划废止制类似，它被设计成为每年改变一个款式，以刺激消费。罗维的火车机车设计，是其流线型美学设计的巅峰。美国威斯汀豪斯公司也在 1939 年推出了一款以单块钢板冲压成形的整体式外壳的冰箱，去除了传统冰箱设计中的结构框架，并采用了圆滑的外观设计。

流线型的产生和发展与制造工艺的进步也密切相关。20 世纪 30 年代，制造工艺的发展使得注塑和金属模压成形方法在生产企业中得到普及。在工艺上，由于大曲率半径、光滑表面有利于脱模和成形，便于生产制造，因而它不仅被应用在汽车设计上，也被广泛使用在其他零件和产品的外观设计上。当时，工业设计师哈罗德·凡·多仁在《设计》杂志上发表了一篇题为

图 3　削笔器（罗维，1933 年）

图 4　"超级六号"冰点电冰箱（罗维，1935 年）

图 5　火车机车（罗维，1939 年）

"流线型：时尚还是功能"的文章，着重论述了冰箱形式与制造技术发展的关系。在这篇文章中，他以一系列图示向人们展现了因技术发展而减少冰箱外壳构件，以提高生产效率的设计与制造趋势。

值得注意的是，与艺术装饰风格不同，流线型的起源不是艺术运动，而是空气动力学的科学试验。有些流线型设计，如汽车、火车、飞机、轮船等高速交通工具，是有其科学基础的。但在当时富于想象力的美国设计师手中，不少流线型的设计完全是由于它的象征意义，而无功能上的含义。作为一种风格，流线型的独特性在于：

1. 它源自的科学支撑和对工业生产技术条件的适应，而不是美学理论；
2. 光滑的几何外观；
3. 对抽象概念的隐喻。

新时代需要新的形式、新的象征，与现代主义刻板的几何形式语言相比，流线型不仅是对速度、"太空时代"高科技的一种隐喻，其有机形态毕竟也易于理解和接受，这也是它得以广为流行的重要原因之一。

尽管流线型是 20 世纪 30—40 年代最流行的造型风格，也得到了市场的青睐，但很快消费者也发现了问题。一位女顾客曾抱怨说："流线型的电冰箱上，什么东西也不能放。"这也导致了人们开始对流线型元素在设计中应用的程度进行反思。

第四节　商业主义设计风格与 20 世纪 50 年代的美国汽车设计

20 世纪 50 年代美国的汽车设计既是商业主义设计产生的温床，也是商业主义设计典范，而其中最具代表性的设计师是哈利·厄尔。厄尔一生热爱现代科学技术，喜爱运动，是当时通用汽车公司的设计负责人，专门从事定制车的设计，是世界上第一个专职汽车设计师，也是在汽车工业中策划和推行有计划废止制的主要人物。

1927 年，通用汽车公司为了与福特汽车公司的"T 型"车进行竞争，成立了艺术与色彩部，由厄尔担任主管。厄尔从汽车外形入手，进行了比较谨慎的流线型式样的探索，投放市场后反响相当不错，之后，他相继在汽车外形设计上推出了不断变化的新潮流行式样。他设计的汽车大都采用大功率发动机、低底盘和更加整体化的外观造型，追求速度和时尚，如 1938 年设计的别克 Y–JOB 轿车（图 6）。1953 年，他在雪佛兰克尔维特（Corvette）轿车（图 7）的设计中，首次采用了整块的弧形挡风玻璃，代替以前的平板挡风玻璃，加强了车的整体性。他还

图 6　别克 Y-JOB 轿车（厄尔，1938 年）

图 7　雪佛兰克尔维特轿车（厄尔，1953 年）

图 8　卡迪拉克剑鱼 59 型轿车（厄尔，1955 年）

图 9　火鸟 III 型轿车（厄尔，1959 年）

将不相关的元素如缓冲器、车轮盖和前灯整合在一起；改变了对镀铬部件的传统使用方式，由只是在边线、轮框部分镀铬，变成用镀铬部件做整个灯具、饰线、车标、反光镜等，这些改变至今仍影响着现代汽车的设计与制造。

厄尔设计的"梦之车"系列，模仿喷气式飞机的局部造型，采用了大量镀铬件部件作为装饰，车身呈流线型，外形夸张、华丽且花哨，体现了喷气时代的速度感和战后美国人的富裕感。"梦之车"系列成为 20 世纪 50 年代美国人汽车消费追求的时尚，典型地体现了有计划废止制的设计思路。带尾鳍的汽车造型是厄尔最有代表性的设计之一。1949 年，他在卡迪拉克车的后保险杠处安装了闪电式战斗机的尾翼；1955 年卡迪拉克剑鱼形（Cadillac EL Dorado）小汽车（图 8）的尾翼设计了像喷气飞机喷火口形状的尾鳍，尾鳍从车身中伸出，车身光滑；1959 年推出的卡迪拉克剑鱼 59 型轿车，车身更长、更低、更华丽。火鸟（Firebird）系列轿车是由厄尔设计的通用汽车公司研究性车型，配备喷气式发动机，在外观造型上大量采用飞机外观元素，设计理念十分超前（图 9）。从技术角度看，厄尔每次推出的新车型，基本上都是一种纯样式设计，并无功能上的变化，只是在色彩和款式上的不同，但却迎合了消费者追求变化的心理，刺激了购买欲望。

作为一个设计师，厄尔对汽车工业所做的重要贡献之一，是在几乎不需要在技术上进行重大变革，也不需要加大投资的前提下，为新车型引进了诸多新元素；在没有大幅度提高产品造价的前提下，为市场提供了更多的选择。

在工业设计史上，对于商业主义设计风格有两种不同的观点。以厄尔等人为代表的一派认为商业主义设计是对设计的鞭策，是经济发展的动力。他们认为这种方式开创了一种新的"消费伦理观"，是消费促进了生产的发展，在高失业率的年代，为人们创造了重返工作岗位的机会，重建了消费者的自信；另一些人，如艾利奥特·诺伊斯（Eliot Fette Noyes，1910—1977）等则反对这种做法，批评商业主义设计有操纵消费者之嫌，是对社会资源的浪费和对消费者的不负责任，是不道德的。环境保护主义者则抨击说，商业主义设计造成了社会开支的增加，也造成对有限的地球资源的浪费，是消费主义恶劣的销售手段。

从后来的发展看，商业主义设计风格，这个被美国汽车工业界发挥到极致的挣钱利器，也给美国汽车工业的发展带来了巨大的不良影响。由于过分关注式样设计，美国的汽车工业从20世纪30年代以来，一直到80年代初期，始终存在重外形而轻性能的问题。在1972年前后的经济危机中，美国汽车一度成为外观豪华、性能低下的代名词，加上能源危机的出现，导致日本汽车以其外形简洁、性能优异、省油等特点，迅速占领了美国市场，击败了美国汽车业，日本成为世界汽车产销第一大国，迫使美国企业不得不放弃了有计划的废止制度。但是，商业主义设计，这种从上世纪30年代就开始在美国的汽车工业企业界生根，同时影响到世界各国的设计风格，至今仍能在设计行业看到它的影子。

第五节　商业主义设计风格与企业形象设计

企业形象设计指为提升企业品牌价值而对企业形象系统（Corporate Identity System）进行全方位的策划包装的设计活动。它是商品促销的有力武器，是建立企业形象、增加产品附加值的有效工具，也是商业主义设计的一种高级外延形式。产品广告、企业标志、商标设计等都属于商业形象设计的范畴。

到了20世纪50年代，出版、广播、电视和电影事业迅速发展，整个社会越来越为大众传媒所影响。传播媒介所提供的新信息、传播的新价值观，极大地影响着人们的生活方式。在激烈的商业竞争背景之下，企业为了扩大销售，在寻求以新颖式样赢得市场的同时，也开始寻找更有效的促销手段。于是，企业形象设计便成为促进销售、赢得市场竞争的又一利器。

一、广告设计

广告设计，是对图像、文字、色彩、版面、图形等平面视觉传达元素，结合广告媒体的使用特征进行整合，为实现表达特定目的和意图所进行的平面艺术创意的一种设计活动或过程。商品广告，是商业主义设计从以产品形式来刺激销售，到引导消费者的消费意识来刺激销售的一种进化。

面对激烈的市场竞争，广告的商业价值受到了充分重视。譬如在汽车业，除了不断推出的新的车型外，广告也是企业扩大销售、占领产品市场的重要手段之一。汽车广告的创意种类很多，多以独特视角来展现汽车的品质，诱发人们对美好生活、速度和激情的向往以及彰显个人的社会地位等为主。图 10 是 20 世纪 50 年代卡迪拉克的汽车广告，视觉效果美丽诱人，既为产品做广告，又刺激了人们的购买欲望，同时，也能从中看到 50 年代的美国人有很强的家庭观念。特别值得一提的是，香车美女的创意，至今仍为汽车厂商所青睐，在各种汽车展上，这种宣传展示形式还大行其道。

可以说，商品广告的历史源远流长。据记载，早在公元前 3000 年前，古埃及人就用莎草纸制作了平面悬赏广告；春秋时期的公元前 6 世纪，古代中国就有了酒店幌子的广告；造纸和印刷术的发明，促进了文明的传播，也使得以纸张为媒介的、真正意义上的平面广告开始出现。1898 年，美国广告大师 E. S. 路易斯（Elias St. Elmo Lewis，1872—1948）提出了 AIDA 的广告法则，即注意（Attention）、趣味（Interest）、欲望（Desire）和购买行动（Action），后来又发展为 AIDCA（C：确信，Convincing），其影响一直延续到今天。在商业竞争白热化的时代，广告设计的重要性才得以被充分挖掘。到 20 世纪 60 年代，广告的范围已经覆盖到了产品产销的方方面面。从设计学角度看，在那个时代对广告设计从构图、主体、风格等方面的探索，直到今天都不失其参考价值。

尽管广告设计属于平面设计的范畴，但从后来的发展看，它演变成了工业设计这个行业里相对独立的一个职业。

二、企业形象设计

企业形象（Corporate Identity，CI）是指利用企业标志、字体、色彩等元素，在消费者中制造视觉冲击和识别差异，向消费者传递企业文化和理念，是企业在商业市场中的一种自我

图 10　20 世纪 50 年代卡迪拉克的汽车广告

身份识别标识。企业形象设计可以被看作是在商品市场竞争中，商业主义设计的一种高级表现形式。

在琳琅满目的商品市场，为追求大众的认知度，企业形象设计也开始为各大厂商所重视。如果说商业主义设计是以产品外形的与众不同来出奇制胜的话，企业形象设计则是以一系列标志、符号、色彩等元素来标识企业独一无二的文化和理念，从视觉进而到心理层面影响消费者对企业及其产品的认可。

彼得·贝伦斯为德国 AEG 电气公司设计的透平机车间，可说是企业形象设计最早的尝试。1930 年，美国保罗·兰德（Paul Rand，1914—1996）最早提出了企业形象系统（Corporate Identity System，CIS）[1] 这一用语，并做过初步的阐述。其后来为 IBM 公司设计的标志系列（图 11）以及为美国广播公司（ABC）设计的企业形象标志也都是这方面的经典之作。

在企业形象设计方面，美国第一代设计师罗维做得也非常成功。罗维的企业形象设计，能够使企业在消费者的眼中更具有"附加价值"、更可信赖，因此他赢得了声誉。罗维最著名的作品是为可口可乐公司设计的标志和产品以及为"幸运"香烟（1940—1942）设计的包装（图 12）。他为可口可乐公司重新设计了瓶子，给了它精细的曲线轮廓，还设计了 1947 年名为"豪华的施舍品"的自动售货机（图 13）。在"幸运牌"香烟的包装设计上，他把颜色由绿色改为白色（因为战时物质紧缺，高金属含量的绿色墨水匮乏），认为白色包装令人感觉清新，并

1947~1956

1957~1972

1972~

图 11 IBM 企业标志的演变

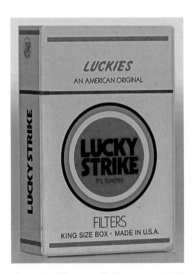

图 12 "幸运"香烟包装（罗维，1940 年）

图 13 可口可乐自动售货机（罗维，1947 年）

---

1 企业形象系统包括三部分，即 MI（Mind Identity，理念识别）、BI（Behavior Identity，行为识别）、VI（Visual Identity，视觉识别），其核心是 MI，它是整个 CIS 的最高决策层，给整个系统奠定了理论基础和行为准则，并通过 BI、VI 表达出来。所有的行为活动与视觉设计都是围绕着 MI 这个中心展开的，成功的 BI 与 VI 就是将企业富有个性的独特的精神准确地表达出来。

在包装的正面和背面都设计了圆形的主题和商标，使之更加醒目。这些看似细小的修改带来了巨大的视觉冲击，至今来看，这一设计仍然是识别性最强的标志之一。二战后，罗维为灰狗长途客车公司（Greyhound Coaches）设计了公司的平面形象，印在流线型车身上，独特的灰色色彩计划、灰狗标志配以红蓝装饰线，使得该公司的客车辨识度非常高（图14）。该公司后来成了战后美国最知名的交通运输公司之一。

从某种意义上说，企业形象设计源自二战后机械化生产带来的激烈商业竞争。由于其对企业的公众认知度和品牌的建立影响巨大，当前，企业形象设计再次受到众多大公司的高度重视。

三、商标设计

商标（Trade Mark，俗称 logo）是虚拟的企业形象的某种物理延伸，在一定程度上反映着产品的品质。与产品设计的标新立异类似，独特的商标是一个产品区别于其他产品的身份标识。商标一般由文字、图形、字母、数字、三维标志和颜色以及这些要素的组合所构成，是一种可视性标志。商标设计也可以被看作是商业主义设计的一种外延表现形式。

商标是随着商品经济的发生和发展而产生的，最早源于西班牙的游牧部落，他们在牲畜身

图 14　灰狗公共汽车公司的产品形象设计（罗维，20世纪50年代）

上打上烙印，成为一种在交换商品时区别自家与他人牲畜的标记。到了13世纪，欧洲商业行会普遍盛行，商品经济迅速发展，每个行会都开始使用自己特定的印章（即商标）。

随着市场竞争的激烈，商标设计倍受重视。壳牌石油公司的商标从1900年至今经历了八次

图 15　壳牌石油公司的商标（罗维，1971年）

图 16　壳牌公司展台设计

以上变化，每次变化的背后都是对企业品牌认知度的一种强化。如今使用的是以罗维在 20 世纪 50—60 年代为壳牌公司设计的商标为基础，再加视觉强化形成的商标，成了商标设计中的经典作品（图 15 下）。图 16 是壳牌公司展台设计效果，除了在色调、造型方面的协调一致外，无任何文字说明的公司标志（商标）即使在很远的距离，也有很高的辨识度。

值得注意的是，在知识经济时代，随着各国政府对创新、创造的扶持，商标作为产品品质的重要标示，已成为企业知识产权的一部分。

第六节　商业主义设计的影响

商业主义设计强调设计的象征意义，以迎合人们普遍追求高、新、奇的心理。如为了用新颖的式样体现速度感，流线型被滥用到极致，火箭的形式被使用在静止的物品设计上等，完全是取其符号化的象征意义。这些都是与"形式追随功能"、节约与可持续发展的现代主义设计理念相背离的。它们之所以被滥用，正显示了商业主义设计的弱点，即过度追求对风格、形式的改变，而忽略了风格与功能、品质和内部结构之间的协调。

率先在美国出现的商业主义设计风格，对现代工业设计产生了很大的影响。其思想在当今世界上，特别是在商业竞争刚刚兴起、产品同质化现象严重的发展中国家，依然屡见不鲜。应该说，美国的商业主义设计思想及其造成的后果是很值得我们深思的。作为现代设计师，需要根据实际情况审时度势，批判地看待商业主义设计，扬长避短，这样才能在现代工业设计中达成创新创造、从根本上提升人类生命价值的目的。

思考题

1. 商业主义设计出现的背景是什么？为什么商业主义设计首先出现在美国，并对现代设计产生了很大的影响力？
2. 战后美国的汽车设计发展的特点是什么？其造成的后果带给我们什么样的启示？
3. 请列出商业主义设计带来的积极影响和消极影响。
4. 结合我国国情，试分析商业主义设计对现代中国产品设计的影响。
5. 试结合本章内容，为自己喜欢的某个公司创作一套企业形象，包括标志、商标和广告词。

延伸阅读

1. Stewart J. Johnson, American Modern:1925–1940 Design for a New Age, Harry N. Abrams, 2000.

2. Jeffrey Meikle, Twentieth Century Limited: Industrial Design in America, 1925–1939, Temple University Press, 2001.

3. David Halberstam, The Fifties, Villard, 1993.

4. [美] 乔治·路易斯 著，徐智明，高志宏 译，广告的艺术，海南出版社，1999 年 7 月。

5. 龚正伟，企业形象设计，清华大学出版社，2009 年 10 月。

下篇
工业设计繁荣阶段
（1955 年后）

以微电子为标志的新技术革命的到来，开创了 20 世纪 60—70 年代工业设计成熟与繁荣时期。受到科技发展、新材料、新工艺的应用及新的审美观和消费观的影响，这一时期的工业设计进入了多元化时代，展现出蓬勃发展下丰富多彩的面貌。

其后，以信息化为特征的知识经济时代的开始，带来了世界经济全球化的格局。科学技术的进步，使人们对物质生活的享受有了更新、更高的追求。从 20 世纪 70 年代开始，在现代主义设计风格占主流的情况下，以电子信息技术为代表的高科技渗透到了设计中，前所未有的新产品出现了，呈现出多种风格并存的局面。

值得一提的是，进入 21 世纪，依靠大量消耗自然资源来维持经济高增长的发展模式受到了质疑，人们逐渐意识到片面追求物质享受的弊端，由此出现的环境友好、绿色和可持续发展的设计思潮，已逐渐成为设计界的共识。清新的文化（Cooltural）、理性的复兴（Rationaissance）、责任（Responsibiz）、感官诱惑（Sensuctive）和打破边界（Breaking Boundaries），或许是对工业设计未来发展趋势的一个很好的诠释。

第十一章

CHAPTER 11

多元化设计

（1955—1975）

20 世纪 50 年代中后期，欧美各国相继步入了加裔美国经济学家加尔布雷斯·肯尼思（Galbraith John Kenneth，1908—2006）在其著名的经济学三部曲[1]中所描述的"丰裕社会"（The Affluent Society，1958 年）。在经济发展的过程中，大部分西方国家都注意到了设计的重要作用，如英国、美国、德国、日本、荷兰、意大利、比利时等国，都相继制订了促进设计发展的政策。各国政府的重视和经济高速发展对设计的实际需求，使世界设计界迎来了百花齐放的时期：理性设计风格成为战后欧洲非常普遍的一种设计现象；与此同时，斯堪的纳维亚设计以其浓郁的手工传统特色和人文主义的内涵、朴素而有机的形态、自然的材料和色彩而独树一帜；激进的前卫运动，使得意大利的现代设计具有非常强烈的民族个性；日本将传统与现代相结合，形成了基于民族文化传统的设计美学风格；而美国则完全采用了市场经济的方式，形成了以消费主义为导向的美国现代设计，成为世界上第一个把工业设计变成一种独立职业的国家……在这一时期，国际设计领域呈现出丰富多彩的多元化发展态势。

第一节　国际主义设计运动

二次世界大战后，随着美国经济的飞速发展，欧美的观念结合美国的市场需求，在现代主义的基础上，兴起了轰轰烈烈的国际主义设计运动。作为现代主义设计的一种深化与蔓延，这一运动在 20 世纪 60—70 年代达到顶峰，影响到世界各国的建筑、平面及产品设计风格，成为名副其实的"国际主义"设计运动。80 年代以后，国际主义设计开始衰退，取而代之的是一系列当代设计运动。

一、国际主义设计的起源

国际主义设计，是一场最先起源于建筑领域，在美国发展起来的设计运动。1927 年，在德国斯图加特市近郊举办的维森霍夫（Weissenhof）现代住宅建筑展会上，很多展品呈现出一种单纯、理性、冷漠、机械式的风格，被美国建筑师菲利普·约翰逊（Philip Cortelyou Johnson，1906—2005）称为"国际主义风格"。包豪斯的主要领导人物，如沃尔特·格罗佩斯、密斯·凡·德·罗、马歇尔·布鲁耶尔等移民来到美国以后，逐渐领导了美国建筑风格的主流，推动了国际主义设计风格的发展。

---

1 指肯尼思在 60—70 年代出版的《美国资本主义》（American Capitalism，1952 年）、《丰裕社会》和《新工业国》（The New Industrial State，1967 年）等三部著作。

从形式上看，二战后的国际主义与战前欧洲的现代主义具有一脉相承的关系。在设计风格上，两者都提倡非装饰的简单几何造型，强调功能主义特征，注重高度理性化、系统化的特点；在设计形式上，国际主义设计受到凡·德·罗的"少即多"主张的影响，发展为形式上的减少主义特征。特别是美国商业化的国际主义产品设计，漠视功能需求，背离了现代主义设计的基本原则。

但从意识形态和思想动机上来看，战后的国际主义与战前的欧洲现代主义则完全不相同。后者在设计上具有强烈的民主主义、社会主义色彩，目的是使设计真正地为人民大众服务。而在战后美国发达的商业化背景之下，以为大众服务作为目的的设计，演变成了为企业获取商业利益的手段，成为具有强烈的美国资本主义特征的国际主义设计。同时，战后美国的社会结构也发生了变化，收入殷实的中产阶级所占比例最大，是消费的核心力量。这与现代主义设计在德国开始探索时欧洲两极分化的社会状况完全不同，因而，现代主义设计在美国的服务对象发生了变化，失去了原先的立足基础。二战前因民主主义、社会主义动机而采用的简洁、功能化和理性化的形式以及为达到降低造价目的而采用的"少即多"的手段，成为了战后国际主义"形式设计"追求的目标，其目的是追逐利润的最大化，核心就是减少主义。

图 1　纽约西格莱姆大厦（凡·德·罗和约翰逊，1958 年）

二、国际主义的建筑设计

二战后的美国是世界上最富裕的国家。在战争中得以快速发展的新技术、新材料科学等，为战后美国各行业的高速发展提供了动力，其建筑领域的发展也步入了高潮。

当时，"少即多"的减少主义风格，因其鲜明的现代特征和民主特色，受到美国大企业和政府的喜爱而被大量采用，并成为发达资本主义国家的象征。这种设计理念随即被广泛应用到建筑设计的实践中。如 1958 年密斯·凡·德·罗和菲利浦·约翰逊合作设计的纽约西格莱姆大厦（The Seagram Building）（图 1）和意大利设计师吉奥·庞帝（Gio Ponti, 1891—1979）设计的米兰佩莱利大厦（The Perelli Building），都是这种风格的典范。举世闻名的纽约世贸双子塔［The Tower of the World Trade Center（Twin Towers），1973—2001］（图2）是日裔美国建筑师山崎实（Minoru Yamasaki，1912—1986）于1962年设计的，楼高分别为417米和415米，共110层，设计语言简洁、立面整齐划一，通体玻璃幕墙，是国际主义建筑设计的杰作。该建筑毁于2001年9月11日的恐怖袭击。

图2　世贸双子塔（山崎实，1962年）

国际主义建筑风格，在形态设计上讲求外观精美、单调的几何形态、没有任何装饰；建筑形态体现为纯净、透明与施工精确的钢和玻璃组成的"方盒子"；钢筋混凝土预制构件和玻璃幕墙结构得到非常协调的混合。这成为国际主义建筑的标准面貌，在世界各国的都市建筑中广为流行。美国作家汤姆·沃尔夫在他的著名作品《从包豪斯到我们的房子》（From Bauhaus to Our House）中写道：密斯·凡·德·罗"少即多"的减少主义原则，改变了世界大都会三分之二的天际线。

尽管国际主义风格流派众多，设计思想也不尽相同，但在其建筑设计观念上却有着不少共同之处：

1. 重视实用功能，讲究设计的合理性和经济性；

2. 强调新技术、新材料的应用，讲究机械化的科学性；

3. 反对传统装饰、讲究简洁的几何造型。

三、国际主义的产品设计

受到简单几何形态的国际主义建筑风格的影响，国际主义风格的产品设计追求产品功能和结构特征的直观表现，其色彩多为黑、白、灰等"无彩色"，形成高度统一、理性化、精练无装饰的设计风格，体现了国际主义设计重视功能、追求形式简洁的设计原则。

德国乌尔姆造型设计学院和布劳恩（Braun）家用电器公司的合作，是国际主义风格产品设计成功的典范。学院把设计理念与公司的生产实践相结合，在设计方法和理论上，发展出以系统思想为基础的一套完整的系统设计体系，形成了新理性主义设计[1]。乌尔姆造

---

2 新理性主义（Neo-Rationalism），酝酿、发源于20世纪60年代的意大利，承袭了20年代产生于意大利的理性主义思想，尝试从传统中追寻恒久不变的建筑的真谛。主要成员包括C.艾莫尼诺、G.格拉西、A.罗西和卢森堡的R.克里尔、L.克里尔等人。它与诞生在美国的后现代主义构成了当今世界建筑思潮的两大倾向。

型设计学院工业设计系主任汉斯·古格洛特（Hans Gagelot，1920—1965）和布劳恩公司设计师迪特·拉姆斯，作为系统设计思想的奠基人，于1956年共同合作设计了"SK4"电唱机（SK4 Record Player）（图3），其形式简洁、精练，具有典型的国际主义风格特征。英国罗伯茨（Roborts）公司的R550收音机（图4）和布劳恩公司的多用途厨房电器（图5）都是国际主义风格的产品实例。这种冷漠、高度理性化、系统化、减少主义的形式，同凡·德·罗的建筑形式如出一辙，是对国际主义风格的进一步发展和完善。

    与此同时，国际主义风格也渗透到了平面设计领域。受到战前德国现代主义、荷兰风格派、俄国构成主义平面设计的影响，在20世纪50年代，由瑞士设计师马克斯·比尔（Max Bill，1908—1994）、西奥·巴尔莫（Theo Ballmer，1902—1965）、艾明·霍夫曼（Armin Hofmann，1920—）、约瑟夫·穆勒·布鲁克曼（Josef Müller-Brockmann，1914—1996）等人主导的瑞士国际主义平面设计风格，创造了新字体和新版面编排体系，包括阿德里安·弗鲁提格（Adrian Frutiger，1928—）设计的通用体（Univers）（图6）和马克斯·米耶丁格（Max Miedinger，1910—1980）设计的Helvetica字体（图7），展现了冷漠、高度理性化、功能化的设计风格，与凡·德·罗"少即多"的主张

图3 "SK4"电唱机（古格洛特，拉姆斯，1956年）

图5 多用途厨房电器（布劳恩公司，1957年）

图4 R550收音机（罗伯茨公司，50年代）

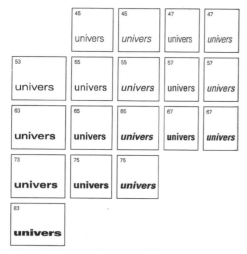

图6 21种Univers字体（弗鲁提格，1954年）

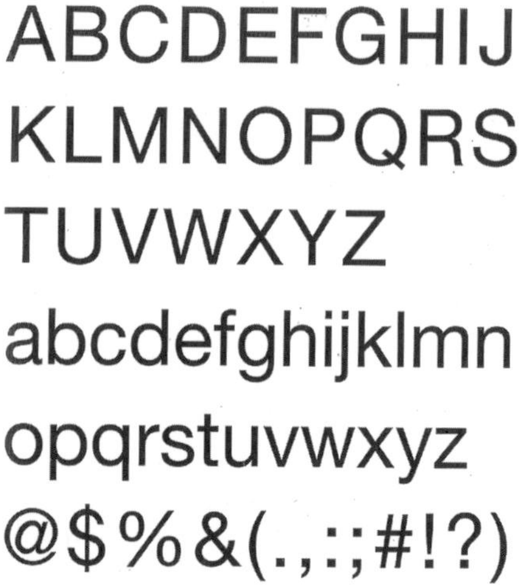

ABCDEFGHIJ
KLMNOPQRS
TUVWXYZ
abcdefghijklmn
opqrstuvwxyz
@$%&(.,:;#!?)

图7 Helvetica字体（米耶丁格，1957年）

十分吻合。1950 年，比尔担任了联邦德国"乌尔姆设计学院"（The Hochschule fur Gestaltungin，Ulm）的第一任校长。

国际主义风格的产品设计的特点可以归纳为：

1. 重视产品功能和结构的表现（后期有明显的"外观优先"的倾向）；
2. 采用无彩色系，黑、白、灰色作为常用色；
3. 高度的理想化，追求整齐划一的视觉效果；
4. 精简无装饰风格。

对于国际主义风格的流行，有人认为这是现代主义发展的新高度，是形势发展的必然趋势；而另外一些人则认为，这是现代主义的倒退，因为其对形式的刻意追求，违背了现代主义"功能第一"的设计宗旨。但无论如何，国际主义风格都曾经是战后世界的主导性设计风格。应该看到，这种追求单一化设计风格的取向，阻碍了人们对设计多元化探索的步伐，与社会发展的趋势是背道而驰的，因而也引发了人们对国际主义设计风格的不满情绪，其结果必然是国际主义设计的逐渐式微与新的设计思潮的兴起。

第二节　波普风格

波普（Pop）一词为英语 Popular 的简称，原意为流行化、大众化。波普设计的产生与战后日渐形成的西方丰裕社会、青少年消费市场的需求有密切的关联，体现出一种叛逆的设计立场。

最早出现波普设计风格的国家是英国，它受到了波普艺术创作的影响。1952 年，一批英国的艺术家、设计师、建筑师和评论家自发组成了一个"独立集团（Independent Group）"，对美国的大众消费文化展开研究，包括广告、电影、汽车样式对于形成大众文化面貌的影响等方面。他们认为，"优良设计"的概念太注重设计师的自我意识，应该根据消费者的爱好和趣味进行设计，以适合流行的象征性要求。理查德·汉密尔顿（Richard Hamilton，1922—2011）在 1956 年展出了

图 8　拼贴画（汉密尔顿，1956 年）

他制作的一幅拼贴画《究竟是什么使今天的家庭如此不同，如此有魅力？》（图8）。该画利用了美国流行的一些时尚元素，力图体现美国大众文化的内涵。尤其是画中一位壮硕的健美先生手拿着写有"POP"字样的巨大棒棒糖，极具感染力，被认为是现代美术史上的第一件波普艺术品。这幅用照片拼贴的作品，对英国的艺术家和设计师们产生了很大的影响。

英国的波普艺术很快在产品设计中得到了体现。当时，英国的青年设计师们从美国的大众文化，如好莱坞电影、摇滚乐、消费文化中获得启发，产生了顺应年轻一代需求、而与主流设计背道而驰的"波普"设计运动。英国年轻的波普设计师们针对富裕国家的青少年市场，从产品设计、服装设计和平面设计三个方面开始突破，努力寻找代表自己的视觉符号特征、设计风格，以区别于父辈的立场。一时间，各种奇特的产品造型、大胆强烈的色彩、特殊的图案装饰、反常规的设计观念纷纷涌现。例如艾伦·琼斯（Allen Jones，1937—）采用逼真的裸露的女子设计了茶几（图9）、座椅（图10），表现出与正统设计截然不同的造型和观念。

在意大利，受英国波普风格的影响，由保罗·罗马兹（Paolo Lomazzi，1936—）、多纳托·德乌比诺（Donato D'urbino，1935—）和尤纳森·德·帕斯（Jonathan de

图9　茶几（琼斯，1969年）

图10　座椅（琼斯，1969年）

图11　布娄充气沙发（罗马兹，1967年）

图12　萨库袋子沙发（加提，1969年）

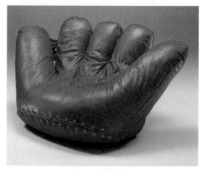

图13　优瑟伐棒球手套沙发（罗马兹，1971年）

Pas，1932—1991）设计，意大利塞努塔（Zanotta）公司生产的布娄（Blow）充气沙发（图11）和由皮尔罗·加提（Piero Gatti，1940—）设计的萨库（Sacco）袋子沙发（图12）等都是波普家具的代表作品。前者是由PVC塑料制成的透明的扶手椅，可以充气且携带方便；后者则是一个装满聚苯乙烯泡沫塑料颗粒的"大口袋"，可根据人体形状任意成型，充满趣味。1971年，塞努塔公司又推出了优瑟伐（Joesofa）棒球手套沙发（图13），深受青少年的喜爱，成为波普家具设计的经典作品。

波普设计的表现具有下述特点：

1. 追求大众化、通俗化的趣味，强调新奇特及强烈的色彩对比；

2. 追求古怪、新颖和稀奇，作品常表现出叛逆性；

3. 设计风格变化无常，有折中主义特点，是一种形式主义的设计风格；

4. 呈现出多种风格混合的特征。

波普运动取得的成就及其显示出的前卫性的特点，在欧美引起了普遍的关注。虽然波普设计体现出的反现代主义、反传统的特征，更多地表现为对于设计形式的探索，但它对现代主义设计观念的冲击，却直接影响了后现代主义设计的发展。

第三节　后现代主义设计

后现代主义（Post-Modernism）设计，是现代西方设计思潮向多元化方向发展的一种反映，它反对现代主义设计中的理性主义、功能至上的设计形式。后现代主义设计运动形成于20世纪60年代，发展于70年代，成熟于80年代，从美国开始，相继在欧洲和日本出现，在建筑领域得以兴起和壮大，进而扩展并影响到其他设计领域。

一、后现代主义产生的背景

20世纪60年代，随着人类向信息社会快速前进，新能源、新材料被广泛应用，西方社会步入了"后工业化时代"。与后工业文明同时出现的是激进的社会变革意识深入人心和反主流文化运动的兴起，这动摇了主流文化的地位，也推动了设计领域对现代主义设计理念的质疑和批判。

一般认为，后现代主义兴起的直接诱因是战后西方动荡不安的社会生活以及由此带来的对人类生存价值反思的文化思潮。以美国为例，战后资本主义社会的固有矛盾进一步激化，黑人抗暴斗争、妇女解放运动、反对越战的学生运动、肯尼迪总统被杀……社会愈来愈动荡不安，人们的思想也越来越困惑；高科技，特别是数码产品带来的无穷复制，整个世界没有了真实感，到处都是抽象的互文性和超文本……这些都构成了后现代主义产生的文化基础。客观上，伴随着后工业社会成长起来的战后婴儿（Post-war Babies），到 20 世纪 50—60 年代，已逐渐成为社会消费的中坚阶层；与此同时，战后西方各国的妇女在经济上逐渐独立，购买能力大大增强，也成为新的、强大的消费力量。种种新因素的出现，使得以往单一的设计风格，已不能满足多样化的市场需求。市场划分得日益精细，也要求设计师必须面对复杂的市场情况进行设计。

单调而统一的现代主义、国际主义设计，由于忽视个性化需求、过分强调设计的作用，导致以科技为主宰的工业文化与人的需求相对立，单一化的设计形式与社会生活多样化需求的断裂，专家精英制造的"高雅文化"与大众"通俗文化"的脱节。这些都与 20 世纪 60 年代崇尚自由的文化及寻求个人存在价值的社会趋势相背离。因此，求新求变的新生代对于这种一成不变的单调风格的挑战，造成了各种新设计思潮的萌发，并逐步形成了在现代主义基础上的各种新的发展。在这种背景之下，后现代主义设计脱颖而出，在对现代主义的反思、批判、修正和超越中，掀起了新的设计探索运动。

在形式上，后现代主义设计是对于现代主义、国际主义设计的一种装饰性发展，其本质是反对密斯·凡·德·罗的"少即多"的减少主义风格，主张以装饰手法来丰富产品的视觉效果，重视满足人的心理需求，而不仅仅是以单调的功能主义为中心。

狭义的后现代主义设计，指的是在现代主义、国际主义设计基础上，大量利用传统元素进行折中主义装饰的一种设计风格；广义的后现代主义，则指的是对于经典现代主义的各种批判活动，其中包括解构主义、新现代主义等等。本书中所指的"后现代主义"特指前者。

严格地说，后现代主义设计并没有形成统一的设计思想和设计风格，其特征复杂多样，大体可概括如下。

1. 形式与功能并重。设计不仅要具备良好的功能，同时还应具有丰富多样的设计形式。

2. 对古典样式的批判性继承。重视传统风格，特别关注各种古典样式，运用借用、变形、夸张、混合等折中手法处理古典元素，而不是简单的复古。

3. 高度强调装饰性。重视装饰、象征、隐喻的手法在设计中的重要作用，与现代主义的理性化、反装饰的立场形成鲜明对比。

4. 注重情感的表达。关注设计与人性、环境的相互关系，重视个性化，以适应后工业社会的文化环境与人们生活方式的需求。

二、后现代主义的建筑设计

1972 年，美国圣路易斯的普鲁蒂艾戈公寓（Pruittigoe Multistory Housing Complex）被拆毁（图 14），标志着现代主义建筑风格的结束。这座由日本设计师山崎实于 1951 年设计、供低收入家庭居住的住宅区，采用了典型的现代主义建筑方式，以混凝土、钢筋和玻璃为材料，只强调功能而缺少装饰；外观设计工整有致，冷漠而毫无情感，如同监狱一般。据说建成后，即使是低收入的穷人也不愿迁入这样冰冷且缺乏人情味的住宅。20 世纪 50—70 年代，其居住率还不到三分之一。这一事件给了追求冷漠、理性风格的现代主义建筑设计师以当头棒喝，建筑界率先开始了对于后现代主义设计风格的探索。

后现代主义的建筑设计的主要代表人物有罗伯特·文丘里（Robert Charles Venturi Jr.，1925—2018）、查尔斯·詹克斯（Charles Jencks，1939— ）、迈克·格雷夫斯（Michael Graves，1934— ）、查尔斯·摩尔（Charles Willard Moore，1925—1993）、矶崎新（Arata Isozaki，1931— ）和菲利浦·约翰逊等。

文丘里早在 1966 年就出版了极有影响力的著作《建筑中的复杂性与矛盾性》（Complexity and Contradiction in Architecture），表达了他对于现代主义和国际主义风格的不满。书中激烈抨击了理性主义由于强调功能性、技术性而忽视建筑的复杂性和多样性的设计思想，主张采用历史折中主义和多样化的形式来丰富建筑设计，强调大众文化对于建筑的作用，针对凡·德·罗的"少即多"提出"少即烦"（Less is Boring）的主张。文丘里在书中写道："建筑师再也不能被正统现代主义的清教徒式的道德说教所吓服了。我喜欢建筑要素的混杂，而不要'纯净'；宁愿一锅烩，而不要清清爽爽；宁愿要歪扭变形的，而不要'直截了当'的；宁愿要暧昧模糊，而不要条理分明、刚愎、无人性、枯燥和所谓的'趣味'；我宁愿要世代相传的东西，不要'经过设计'的；宁愿要随和包容，不要排他性；宁可丰盛过度，不要简单化、发育不全和维新派头；宁愿要自相矛盾、模棱两可，不要直率和一目了然；我赞赏凌乱而有生气甚于明确统一。我容许违反前提的推理，我宣布赞成二元论。"他设计的文丘里母亲住宅（Vanna Venturi House, Chestnut Hill, PA）（图 15），就体现了他的设计思想：采用了变形和装饰的手法处理拱券、三角门楣等古典建筑元素，形式富有变化，丰富了建筑的视觉语言。

查尔斯·摩尔是杰出的后现代主义大师之一。他在 1977—1978 年间为新奥尔良市设

图 14　普鲁蒂艾戈公寓被拆毁（山崎实，1951 年）

图 15　文丘里母亲住宅（文丘里，1961 年）

图 16　新奥尔良市意大利广场（摩尔，1978 年）

图 17　美国电报电话公司大厦（约翰逊 & 伯吉，1984 年）

计的"意大利广场"（图 16），在延续城市文脉的基础上，从意大利文化中汲取古典元素符号，例如对古典柱式的引用等，以象征性手法加以表现，同时充分考虑了当地使用者的需求，是新折中主义的代表作品。

菲利浦·约翰逊与合伙人约翰·伯吉（John Burgee，1933—）于 1984 年设计的美国电报电话公司大厦（AT&T Building）（图 17），被认为是成熟的后现代主义作品，混合了多种古典风格细节。该建筑分为三个部分：基座是对 15 世纪建筑大师菲利普·伯鲁内列斯基（Filippo Brunelleschi，1377—1447）的帕齐礼拜堂的模仿，楼身采用国际主义风格的摩天楼形式，楼顶则是一个带圆缺口的三角形山墙。建筑采用厚实的花岗岩作外墙，呈现出强烈的古典主义效果。

后现代主义建筑设计，关注传统建筑、历史文脉、大众文化等方面，因而能自然地将经典传统样式、地方民间风格以及波普艺术等元素，糅进自己的"大家庭"中，其特点如下。

1. 历史主义和装饰主义立场。强调需要装饰，但装饰要以"现代意识"，从传统化、地方化、民间化的内容和形式中找到立足点，而不是简单的复古。

2. 对于历史动机的折中主义立场。允许对历史的风格采用抽出、混合、拼接的方法，在现代主义设计的构造基础之上进行折中处理。

3. 强调实用性。正如文丘里所说，建筑是带上装饰的遮蔽物。

4. 强调建筑装饰的复杂性、隐喻性。

5. 多样性。以波普艺术倡导的大众文化为出发点，思考建筑如何复归大众的世俗生活，满足大众文化的多样性需求。

三、后现代主义的产品设计

20 世纪 80 年代以后，受建筑设计的影响，产品设计领域也出现了后现代主义设计倾向，衍生出"微建筑风格（Micro-Architecture）"，尤其体现在家具和室内用品设计方面，通过后现代主义建筑师的参与，其作品在风格和形式上与后现代建筑都如出一辙。典型的例子是意大利著名的阿莱西（Alessi）公司，于 1979—1983 年邀请了文丘里、迈克·格雷夫斯、斯坦利·泰格曼（Stanley Tigerman，1930—2019）、查尔斯·詹克斯、阿尔多·罗西（Aldo Rossi，1931—1997）、汉斯·霍莱因（Hans Hollein，1934—）等著名建筑师，参与设计了一系列不锈钢咖啡具（图 18 至图 20），这些作品既体现了每位设计师的个人风格，又具有后现代主义设计的共同特征。

文丘里在 1983—1984 年间与丹尼斯·斯科特·布朗（Denise Scott Brown，1931—）合作，为美国诺尔公司（Knoll International）设计的一系列曲木椅（图 21），采用模压胶合板等现代材料和现代生产手段，它除了印有各种色彩鲜艳的装饰图案之外，椅背以镂空切割的制作工艺塑造了各种形象，与九种不同历史样式相关联，例如齐彭岱尔式、安妮公主式、帝国式等，具有典型的后现代主义风格特征。

格雷夫斯为阿莱西公司设计的"自鸣式"不锈钢开水壶（图 22），壶体是简洁的圆锥形的现代主义风格，壶盖采用罗马式的穹顶，当水蒸气通过壶嘴上的塑料鸟形汽笛时，小

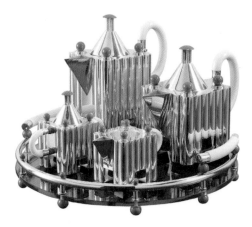

图 18　咖啡具（格雷夫斯，1983 年）

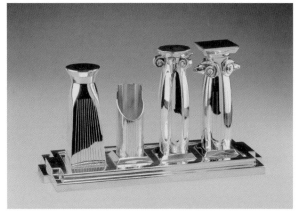

图 19　咖啡具（詹克斯，1983 年）

图 20　咖啡具（罗西，1983 年）

图 21　系列曲木椅（文丘里＆布朗，1984 年）

图 22　"自鸣式"不锈钢开水壶（格雷夫斯，1985 年）

图 23 玛丽莲沙发（霍莱因，1981 年）

图 24 玛丽莲椅（矶崎新，1973 年）

图 25 "面对面"双人躺椅（泰格曼，1984 年）

鸟就会自动发出鸣哨声，深受消费者喜爱，成为 20 世纪 80 年代最畅销的礼品之一，年销量达 4 万只。

后现代主义产品设计的典型作品还有汉斯·霍莱因于 1981 年为意大利布督瑙瓦（Poltronova）公司设计的"玛丽莲"（Marilyn）沙发（图 23），矶崎新于 1973 年为日本天童（Tendo Japan）公司设计的"玛丽莲"椅（图 24），泰格曼于 1983—1984 年为美国福米卡（Formica）公司设计的"面对面"双人躺椅（图 25）等。

与后现代主义建筑设计风格类似，后现代主义产品设计有其自身特点：

1. 强调装饰的作用和对已有装饰手法的扬弃，反对简单的复古；

2. 强调产品造型新奇特及多样性；

3. 对大众文化、流行时尚的偏好；

4. 强调实用化与装饰的融合。

后现代主义，作为一场一度先声夺人的设计运动，在设计上大量采用传统的装饰，以折中和隐喻的手法对其加以处理，充满了对于单调、理性化的现代主义、国际主义设计的挑战，促进了设计多元化风格的发展。但这种挑战只是对于现代主义形式内容的批判，而不是对现代主义的思想的挑战。在设计形式上，它只不过在建筑或产品外表添加一层装饰主义的外壳，其核心内容依然是现代主义、国际主义设计的架构，因而缺乏坚实的思想依据和明确的意识形态宗旨，终究无法取代现代主义设计风格。但是，这场设计运动对于现代主义风格的反思和探索，却有助于推动新的设计风格的形成，尤其是对于"现代与古典"的探索，带给现代设计师们许多有益的启示。

第四节　孟菲斯设计

孟菲斯（Memphis）设计，是指20世纪70年代后期，在意大利米兰结成的一个装饰艺术探索团体的设计风格。它没有固定的宗旨，反对一切固有观念，认为产品是一种自觉的信息载体。在风格上，孟菲斯表现出各种极富个性的情趣和天真、滑稽、怪诞和离奇。其代表人物有埃托·索特萨斯（Ettore Sottsass，1917—2007）、米凯莱·德·鲁奇（Michele de Lucchi，1951— ）和彼特·肖（Peter Shire，1947— ）。

埃托·索特萨斯1917年出生于奥地利的茵斯布鲁克（Innsbruck），1939年毕业于意大利都灵理工大学建筑系。20世纪60年代，索特萨斯作为设计师为意大利Olivetti公司设计了便携式打字机及第一台电脑，后与身为建筑师的父亲一起进行建筑设计。二次大战后，他在米兰设立了专业工作室。1956年索特萨斯到美国乔治·尼尔森（George Nelson，1908—1986）的工作室学习，和当时的前卫设计师查尔斯·埃姆斯（Charles Ormond Eames Jr.，1907—1978）、伯纳德·鲁道夫斯基（Bernard Rudofsky，1905—1988）共同探究现代室内装饰和建筑设计。

1980年12月，在一批企业家的支持下，埃托·索特萨斯和七名年轻设计师在米兰成立了"孟菲斯"设计团体。该团体是一个非常有影响力的设计组织，以其鲜明的设计风格在后现代主义设计中独树一帜。

孟菲斯的作品十分丰富，受到前卫思想的影响，设计态度都十分激进。如索特萨斯设计的卡尔顿（Carlton）书架（图26）便是孟菲斯的代表作品之一，该产品采用塑料贴面材料，上部好似一个抽象的人形，整体又像是卡通式的积木组合，色彩艳丽、造型夸张，但却几乎不具备书架的实用功能。卡利巴水果盘设计（图27）以及卡萨布兰卡（Casablanca）餐具柜设计（图28），都带有鲜明的孟菲斯色彩。

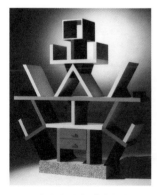
图26 卡尔顿书架（索特萨斯，1981年）

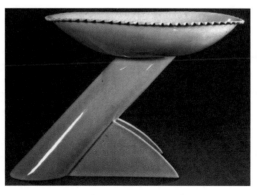
图27 卡利巴水果盘（索特萨斯，1982年）

图28 卡萨布兰卡餐具柜（索特萨斯，1981年）

孟菲斯的设计，集中表现为反对一切固有的观念和模式，强调设计中的文化个性，其反理性的设计观念、奇特的造型、艳丽的色彩往往带给人强烈的视觉冲击力。孟菲斯设计的特征可归纳如下。

1. 重视新材料的使用。它常用新型材料、明亮的色彩和富有新意的图案（包括截取现代派绘画的局部）来改造一些传世的经典家具，显示了设计的双重译码：既是大众的，又是历史的；既是传世之作，又随心所欲。

2. 注重整体视觉效果。例如，其室内设计为达到满意的风景效果，常常对室内界面的表层进行涂饰，具有舞台布景般的非恒久性特点。

3. 设计构图突破传统约束，追求奇特视效。它在构形上往往打破横平竖直的线条，采用波形曲线、曲面和直线、平面的组合，来取得意外的装饰效果。

4. 超越常规的色彩使用。例如其超越构件、界面的图案和色彩涂饰。

5. 设计具有任意性和展示性。如其室内平面设计就展现出形形色色的视觉效果，并没有特定样板可循。

由于孟菲斯集团的设计趣味与现代主义的"优良设计"大相径庭，因而它又被称为"反设计"。20 世纪 80 年代，孟菲斯的设计在世界各地展出，对当时的设计及设计观念产生了很大的冲击。虽然孟菲斯的设计几乎没有任何商业上的价值可言，但其表现形式却引发了人们对设计的重新思考，在一定程度上丰富了设计语汇，因而对现代设计产生了不可忽视的影响。

第五节　新现代主义风格

新现代主义（Neo-Modernism）设计，一方面表现为对后现代主义的探索，另一方面则是对现代主义的重新研究和发展。

新现代主义设计延续了现代主义的设计原则，以理性主义、功能主义和减少主义方式进行设计。它在保留现代主义的设计语汇的基础上，根据设计发展的需要加入了新的简单形式的象征意义，是现代主义设计的延续和发展。新现代主义设计既严谨、简洁，又活泼、有变化，受到新一代设计师和消费者的喜爱。

新现代主义建筑师代表人物有理查德·迈耶（Richard Meier，1935—）、贝聿铭（Ieoh Ming Pei，1917—2019）、西萨·佩里（Cesar Pelli，1926—）、斯蒂芬·霍尔（Steven Holl，1947—）、安东尼·普雷多克（Antoine Predock，1936—）、安藤忠雄（Tadao

Ando，1941—）等；在家具设计方面的代表人物有美国的艾若·沙里宁、意大利的吉奥·庞帝、丹麦的安恩·雅各布森（Arne Jacobsen，1902—1971）和查尔斯·埃姆斯（Charles Eames，1907—1978）夫妇等。

西萨·佩里设计的纽约世界金融中心大楼（World Financial Center）（图 29）以及著名的美籍华人建筑师贝聿铭设计的华盛顿国家艺术博物馆（National Gallery of Art）东厅、香港的中国银行大楼、法国巴黎卢浮宫（Muse du Louvre）扩建工程等，都是新现代主义设计的典型作品：既遵循了现代主义的功能主义、理性主义的设计原则，没有繁琐的装饰、造型简洁而单纯，同时又被赋予了象征主义的内容。例如卢浮宫前的金字塔结构（图 30），不仅满足了功能的需要，又具有丰富的历史与文明象征的内涵。

图 29　纽约世界金融中心大楼（佩里，1991 年）

艾若·沙里宁设计的"郁金香"椅子（图 31），犹如一朵浪漫的郁金香盛开，又像是一只优雅的酒杯，它采用塑料和铝两种材料，形状浑圆优雅；雅各布森设计的"蛋"椅和"天鹅"椅（图 32），使用强烈的雕塑形态和有机造型语言，将现代设计观念与丹麦传统风格相结合，功能设计巧妙，又适合大批量生产，具有非凡、永恒的魅力。

尽管在表现手法上千差万别，但新现代主义设计的风格普遍具有以下共性特征。

1. 突出功能主义。它强调功能为设计的中心和目的，而不再是以形式为设计的出发点，

图 30　卢浮宫前金字塔结构（贝聿铭，1985 年）

图31 "郁金香"椅（沙里宁，1956年）

图32 "蛋"椅（左）"天鹅"椅（右）（雅各布森，1958年）

讲究设计科学性的同时，也重视设计实施时的方便性、经济性和效率。

2. 形式上提倡非装饰的简单几何造型。如在建筑上通过六面形的造型来达到重空间，而非单纯重体积的目的；通过建立标准化，来改变建筑施工，提高建筑的效率、速度，通过摒弃装饰和使用中性色彩降低成本来为大众服务等。

3. 设计上重视空间的规划。强调整体设计考虑，反对在图版、预想图上开展设计；强调以模型为中心的设计规划。

4. 重视设计对象的经济性。要求设计必须把费用和开支作为一个重要因素考虑，从而达到经济、适用的目的。

新现代主义设计，作为与后现代主义并行发展起来的，但又与之相区别的风格流派，是对现代主义的重新审视、更新、补充和丰富，代表了现代主义设计未来的一种发展方向。

第六节　高技术风格

高技术（High Tech）风格是指以机器美学为指导，偏好使用和表现高新技术，使作品具有高度的工业化特色，直接反映了以机械为代表的技术特征的一种设计风格。

高技术风格在20世纪60—70年代风行一时，其影响一直延续到80年代初。其本质是，把现代主义设计中的技术因素加以提炼、夸张，形成一种符号的效果，由此获得一种新的美学价值和意义。

最具有代表性的高技术风格的建筑作品，当属 1976 年由伦佐·皮埃诺（Renzo Piano，1937—）和理查德·罗杰斯（Richard George Rogers，1933—）等建筑师组成的团队设计的巴黎蓬皮杜国家艺术和文化中心（Centre National d'art et de Culture Georges Pompidou）（图 33）。该设计将内部所有的结构和设备暴露在外，并涂上鲜亮的工业标志性色彩，好似一部打开的机器；同时，根据建筑的功能要求，内部的宽大空间还可利用预制构件作灵活的隔断分隔，为艺术展览和表演的空间利用，提供了便利的环境条件。按照设计者的解释："这幢房屋既是一个灵活的容器，又是一个动态的交流中心。"而由罗杰斯设计的伦敦劳埃德大厦（Lloyds Building）（图 34），通体采用不锈钢装饰面，结构规整划一，视觉外观如同一部机器，高技术风格一览无余。

在家具设计方面，高技术风格的特征体现为：喜欢用最新的材料，运用精细的技术结构，以夸张、暴露的手法塑造产品形象；讲究现代工业材料和先进制造工艺的运用，以此来象征高度发达的工业技术。德国慕尼黑的设计师安德烈斯·威伯（Adreas Weber，1955—）、瑞士的马里奥·博塔（Mario Botta，1943—）、英国的诺曼·福斯特（Norman Robert Foster，1935—）和罗德尼·金斯曼（Rodney Kinsman，1943—）等人设计的家具，都是很典型的例子。例如由马里奥·博塔为意大利阿里亚斯（Alias）公司设计的普瑞玛（Prima）钢管椅（图 35），采用简洁的几何形式和反映高技术的钢管框架是其设计的特色；而诺曼·福斯特设计的办公桌（图 11—36），以精致而简洁的金属结构作为支撑，则体现了材料与技术结合的视觉美感。

高技术风格具有以下典型的共性特征：

1. 以高新技术、现代工艺的视觉展现为主要装饰手段；

图 33　巴黎蓬皮杜国家艺术和文化中心（皮埃诺 & 罗杰斯，1976 年）

图 34　伦敦劳埃德大厦（罗杰斯，1986 年）

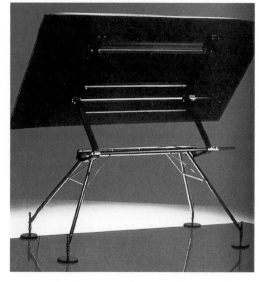

图 35 普瑞玛钢管椅（博塔，1982 年）　　　　图 36 意大利 TECHO 制造的办公系统的桌子（福斯特，
　　　　　　　　　　　　　　　　　　　　　　　　　　　　1986 年）

2. 设计上常运用精细的技术化的机械结构造型；

3. 讲究现代工业材料和工业加工技术的运用；

4. 具有浓郁的机器美学气息。

从发展的角度看，由于过度强调工业构造和机械部件，高技术风格的设计呈现出过于冷漠、缺乏人情味的特点。尽管如此，它对设计中技术要素的表现手法、对技术美的抽象和展现，无疑为现代设计开启了新的思路。

第七节　解构主义风格

解构主义（Deconstruction）风格，是指以重视个体与部件本身的解构主义哲学为指导，强调或夸张建筑及设计的部件结构的一种设计风格。它是从结构主义（Constructionism）中演化而来的，其实质是对结构主义的破坏和分解，其风格特征是，把完整的现代主义、结构主义建筑整体肢解处理后重新进行组合，形成破碎的空间和形态，进而达成某种特殊的审美效果。

解构主义的渊源可以上溯到 20 世纪 60 年代，当时法国哲学家雅克·德里达（Jacques Derrida，1930—2004）——解构主义领袖——不满于西方几千年来贯穿至今的哲学思想，对自柏拉图以来的西方形而上学传统大加责难,攻击的主要目标是被称之为逻各斯(Logos)中心主义[1]的思想传统。他提出了"解构主义"的理论,核心是对于结构本身的反感,认为符号本身已经能够反映真实,对于单独个体的研究比对于整体结构的研究更重要。设计界对解构主义风格的探索兴起于20世纪80年代。解构主义设计以"解构主义"为理论基础,被一些设计师认为是一种具有强烈个性的新理论,能打破国际主义风格对设计思想的禁锢,因而被应用到了不同的设计领域,特别是建筑领域。

解构主义建筑风格重要的代表人物有加拿大的设计师弗兰克·盖里(Frank Owen Gehry,1929—)、美国的伯纳德·屈米(Bernard Tschumi,1944—)和彼得·埃森曼(Peter Eisenman,1932—)等人。

盖里被认为是世界上第一个解构主义的建筑设计师,被称为解构主义大师。他设计的巴黎的"美国中心"(图37)、洛杉矶的迪士尼音乐中心、巴塞罗那的奥林匹克村、美国俄亥俄州托的雷多大学视觉艺术中心等等,都具有鲜明的解构主义特征。盖里的设计个人风格突出,采用解构的方式,将建筑整体分解后重新组合形成新的空间形态。他强调结构的基本部件本身所具有的表现力,认为设计的完整性不在于建筑整体结构的统一,而在于部件的充分表达。因而,他的建筑具有更丰富的形式感,设计风格呈现出冷峻的、怪诞的、充满幻想和超现实的特点。西班牙古根海姆博物馆(The Guggenheim Museum)(图38)也是盖里重要的代表作品之一,博物馆由分解的曲面块体组合而成,内部采用钢结构,外表用闪闪发光的钛金属装饰,因其奇美的造型、特异的结构和崭新的材料备受瞩目,被称为"世界上最有意义、最美丽的博物馆"。

图37 巴黎美国中心(盖里,1994 年)

图38 西班牙古根海姆博物馆(盖里,1997 年)

---

1 逻各斯中心主义是西方形而上学的一个别称,这是德里达继承海德格尔的思路对西方哲学的一个总的裁决。"逻各斯"出自古希腊语,为 λόγος(logos)的音译,它有内在规律与本质的意义,也有外在对规律与本质的言语表达的意义。逻各斯中心主义就是一种以逻各斯为中心的结构整体。

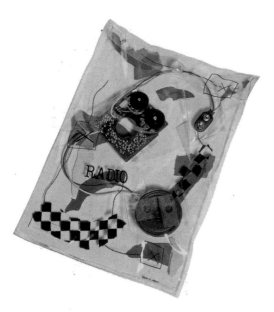

图 39　袋子里的收音机（威尔，1981 年）

丹尼尔·威尔（Daniel Weil, 1953—）设计的袋子里的收音机（图 39），是解构主义产品设计的代表作品之一。他先把收音机的各个功能部件完全拆解，再以某种方式组合起来，在保证使用的前提下，展现出了十分另类的产品视觉效果。

所有解构主义的设计，都有貌似零乱，而实质上却具有内在的结构因素和整体性考虑的高度理性化的特点。因此，解构主义风格的设计都具有以下的共性特征：

1. 从逻辑上否定传统的基本设计原则（美学、力学、功能），并由此产生新的意义；

2. 反对总体统一而创造出支离破碎和不确定感，并由此呈现另类美感；

3. 重视个体、部件本身，用分解的观念，强调打碎、叠加、重组，以营造特别的设计效果。

解构主义是对现代主义正统设计原则的批判性地继承，它使用现代主义的语汇，却颠倒、重构各种既有语汇之间的关系。虽然在设计史上，解构主义的影响是小范围的，但是，其所表现出的对传统设计理念的质疑、对新的设计形式的探索，颇值得现代工业设计师去思考和回味。

第八节　微电子风格

实际上，微电子风格（Micro-electronics style）不是一个统一的设计风格，它是因为技术发展到微电子时代，造成大量新的、采用新一代的大规模集成电路晶片的电子产品不断涌现，而导致的新的设计范畴。其重点在于如何把设计功能、人体工程学、材料科学、显示技术与微型化技术相统一，在新产品上集中体现出来，以达到良好的功能和形式效果。

微电子风格，是新技术发展所引发的设计上的变革。微电子技术的发展，使得产品在设计形式上出现了微型化的趋势，产品的尺寸越来越小，越来越薄，各种便携式、个人化的产品不断走向市场。日本的索尼（Sony）公司善于利用新技术来开发新的产品，1979年推出的"随身听"（Walkman TPS-L2）（图 40）就是这样一款成功的设计，此后它不断升级换代，畅销了 40 年，Walkman 已成为一种文化现象。同时，新技术也引发了设计理念、设计原则上的变革，产品形式更为丰富多样，更多考虑了人的使用和情感需求。如在史蒂夫·乔布斯（Steve Jobs, 1955—2011）领导的苹果公司，由乔纳森·伊夫（Jonathan "Jony" Ive, 1967—）设计，于 1998 年推出的 iMac 电脑（图 41），采用透明的塑料机壳与圆润的造型，并有多种色彩可供选择，时髦艳丽，迅速获得了市场的认可和消费者的喜爱。德国青蛙公司（Frog Design）设计的高触觉儿童鼠标（图 42），看上去像一只真老鼠，诙谐有趣，让使用者，特别是小孩子倍感亲切。此外，微电子技术也为设计师的工作提供了很好的辅助手段，促进了设计手法的更新。

微电子风格体现了新技术不断发展条件下产品设计的发展趋势。世界上生产电子产品的大型企业，如德国的西门子（Siemens）、克虏伯（Krupps）、布劳恩（Braun）公司，日本的松下电器（Panasonic）、索尼公司，美国的 IBM、通用电器（GE）、苹果公司（Apple）等，都采用了这种具有新功能主义、理性主义、减少主义设计模式的微电子风格。

尽管微电子风格并非是一个统一的设计风格，但所有微电子风格的设计都有以下的共性特征：

1. 强调多种新技术、特别是微电子技术的综合应用；

2. 着重功能与形式的统一；

3. 奉行理性主义和减少主义，产品具有超薄、超小、多功能、轻便、便携、造型简单明快的特点。

图 40　随身听（索尼公司，1979 年）

图 41　苹果电脑（伊夫，1998 年）

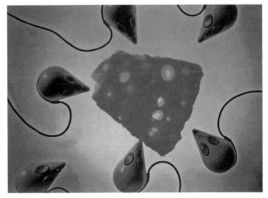

图 42　高触觉儿童鼠标（青蛙公司，20 世纪中期）

第九节　多元化设计的启示

对现代主义设计单一化面貌的批判，形成了多元化的设计风格和思潮。多元化的设计风格极大地丰富了 20 世纪的设计语汇，是对新时代人类需求的不断深入思考和探索，体现了设计师们勇于创新、不断进取的设计精神，为设计文化的发展积累了宝贵的财富。

多元化设计的实践表明，工业设计的风格和技术手段的演化，与社会、文化和时代科技进步是分不开的；不同时代的人们对产品的需求、对精神和物质生活品位的追求也是不同的。正是这些不断变化着的需求，给工业设计师带来了无穷无尽的挑战，同时也提供了源源不断的践行创新创造的机会。或许，这就是在近几百年来，欧洲和世界经济几经大起大落，传统行业人满为患，甚至部分行业因时代变迁而面临消亡的时候，工业设计作为一门职业却经久不衰、朝气蓬勃的原因所在吧。

思考题

1. 简述国际主义设计的特征及其代表人物、作品。

2. 简述后现代主义设计的特征以及其代表人物、作品。

3. 试以具体作品为例，比较分析现代主义设计与后现代主义设计的异同。

4. 现代主义之后的主要设计风格有哪些？试简述其特点。

5. 试析解构主义设计风格的特征。

6. 什么是高技术风格？简述高技术风格在现代设计中的用途。

7. 什么是微电子风格？简述微电子风格在当前中国信息类产品设计中的应用。

8. 在通读本章和延伸阅读材料后，请尝试按照其发展的巅峰时段为本章所涉及的各种设计风格进行排序，并给出相应的理由。

9. 选择一件电子产品，尝试运用不同的设计风格，重新设计其外观。

10. 【大作业】在设计多元化时期，各种风格纷呈，这些风格都与现代主义有着某种联系，或发扬光大或反对排斥，某些风格相互之间也有关联。在学习完本章后，试画出本章所述各种风格的关系方框图。方框内是风格名称及其特点，方框之间的线条代表相互（两端箭头）或继承（单向箭头）和反对（虚线），可以在代表相互关系的线条上加上说明。

延伸阅读

1. ［美］丹尼尔·贝尔　著，高铦，王宏周，魏章玲，后浪　译，后工业社会的来临，江西人民出版社，2018 年 06 月。

2. 梁政，张宇虹，"乌尔姆式的设计理念和教育观念——浅析乌尔姆造型学院的发展历程"，艺术与设计（理论），2010 年第 6 期，2010 年。

3. ［美］Kevin N. Otto（凯文·N.奥托），Kristin L. Wood（克里斯汀·L.伍德） 著，齐春萍等译，产品设计，电子工业出版社，2017 年 03 月。

4. ［美］罗伯特·文丘里 著，周卜颐 译，建筑的复杂性与矛盾性，江苏凤凰科学技术出版社，2015 年 01 月。

5. 深圳视界文化传播有限公司，后现代美学设计，中国林业出版社，2018 年 3 月。

6. 王受之，世界现代设计史（第 2 版），中国青年出版社，2015 年 12 月。

CHAPTER 12
工业设计新趋势
（1975年后）

进入 20 世纪后半叶，设计师们开始以冷静、理性的思维，来反省一个多世纪以来工业设计发展的历史。经历了百余年探索和开拓的风风雨雨，形式上的创新、风格上的花样翻新似乎已经走到了尽头，后现代已成明日黄花，解构主义依旧是曲高和寡，工业设计呼唤理论和思想上的突破。

伴随微电子和网络技术的快速发展，21 世纪的社会已经从电气时代进入信息时代。正如英国经济学家威廉姆·马丁（William J. Martin）在 1988 年出版的《信息社会》（The Global Information Society）一书中所言，信息化社会的生活质量、社会变化和经济发展，越来越多地依附于信息及对其开发利用的社会；在这个社会里，人类生活的标准、工作和休闲方式、教育系统和市场环境，都明显地被信息和无形的知识进步所影响。信息时代的工业设计，同样面临着设计目标、设计模式、设计手段和设计环境等方面的巨大变革。

第一节　当代工业设计的特征

近年来，以信息技术为特征的新技术发展迅速，物联网、大数据、机器人、人工智能等技术突飞猛进，为工业设计带来了新的机遇和挑战。回顾百年设计的历史，可以看到，从功能至上到人、机、环境协调发展，从现代主义的理性化到以人为本的人性化的回归，工业设计在对历史不断的反思中走向成熟。站在 21 世纪的起点，有不少设计师开始转向从更深的层次上探索工业设计与新技术的适配和与人类社会可持续发展的关系，力图通过设计活动，在人、社会和环境之间，建立起一种和谐的可持续发展机制。人性化设计、绿色设计、可持续设计、用户体验设计等概念应运而生，并逐渐成了当代工业设计发展的主流。

可以说，在当前信息化社会里，工业设计已深入到人们日常生活的各个层面，无处不设计、无设计不求完美，既有物质设计，也有非物质设计。当代工业设计对新思想、新理论的探索，也呈现出向纵深发展的趋势。

一、人性化设计

人性化设计（Human-centered Design），是指在设计过程当中，充分考虑人的行为习惯、心理状况、思维方式和人体的生理结构等因素，在保证设计基本功能和性能的基础上，使设计最大限度地满足人们衣、食、住、行以及一切生活、生产活动的需要。换句话说，人性化设计就是人本设计，是在设计中对人的生理需求和精神追求的尊重和满足，反映着设计中的人文关怀和对人性的尊重。人性化设计的核心理念是"以人为本"。人性化设计的特点反映在以发展、动态的眼光去认识人的本质，把人的时代性、民族性、社会性和个性相对应的种种不断变化着的因素，作为人性相关的属性变量赋予设计作品，使设计的产品和人形成多元互动的对话关系。

人性化设计的表达方式在于以有形的物质态去反映和承载无形的精神态，包括：

1.通过设计的形式要素，如造型、色彩、装饰、材料等的变化，引发人积极的情感体验和心理感受，谓之设计中的"以情动人"。

2.通过对设计物功能的开发和挖掘，在日臻完善的功能中，渗透人类伦理道德的优秀思想，如平等、正直、关爱等，使人感到亲切温馨，让人感受到人道主义的款款真情，谓之设计中的"以义感人"。

3.借助于语言词汇的妙用，给设计物品一个恰到好处的命名，往往会成为设计人性化的点睛之笔，谓之设计中的"以名诱人"。

从本质上看，人性化设计更多地反映一种设计理念，而不是一种风格。实现人性化设计需要把握以下几个方面。

1.产品设计形式要素。主要通过造型、色彩、装饰、材料等设计形式要素的变化，来实现产品的人性化设计表达。譬如，把在产品语义学（Product Semantics）中的符号象征意义引入到产品造型设计里来。一个好的例子就是意大利设计师扎维·沃根（Zev Vaughn）于20世纪80年代设计的布拉（Bra）椅（图1），采用了传统的椅子结构，但椅背却运用了设计柔软而富有曲线美的女性形体造型，人坐上去柔软舒适而浮想联翩，极富趣味性。

2.产品色彩。色彩一经与具体的形相结合，便具有极强的感情意义和表现特征，具有强大的精神影响。设计者针对不同的消费群体，合理选择产品色彩，去满足那些追求个性化的消费者的需求，以达到设计的人性化目标。

3.产品材料。这对于当今社会倡导的绿色和环保节能设计的意义重大。它主要体现在：①能改善环境设计的思维；②可再生利用产品；③低能耗生产材料的选用；④从外观或风格方面出发，延长产品的使用寿命，如通过改换少数关键部件，可以方便地更新造型风格等。

4.产品功能。重点在使所设计产品的功能更加方便人们的生活，创造性地去考虑人们的新的需求。如在超市里的购物车架上加上隔栏，有小孩的购物

图1　布拉椅（沃根，1991年）

者在购物时可以将小孩放在里面，从而使购物更方便和轻松。

5.产品名称。给设计物品一个恰到好处的命名，会成为设计人性化的"点睛"之笔。如1992年，意大利设计师马西姆·罗萨·给尼（Massino Losa Ghini，1959—）设计了一个带扶手的沙发椅，虽然柔软舒适，但造型却非常普通，少人问津；他把这一作品叫作"妈妈（Mama）"，却让其名声大噪，身价倍增。

6.情感化与个性化。这就是从用户的生活形态出发，研究尽可能符合消费者个人情感需求的条件，设计出无论是在技术上，还是在情感或风格上，都合理、丰富与多元化的产品。

图2　"妈妈"沙发椅（给尼，1992）

7.产品的人机工程要素。即设计和制造时，都必须把"人的因素"作为一个重要的条件来考虑。专业用品在人机工程方面有更多的考虑，比较偏重于生理学的层面；而一般性产品则必须兼顾心理层面的问题，需要更多的符合美学及发展潮流的设计。

人性化设计摆脱了现代主义设计中理性、抽象表现的束缚，把产品的使用者——"人"的重要性放在了第一位，是现代社会对人性的回归，其特点在于最大限度地满足了消费者的物质和精神需求。必须指出的是，在具体设计中，对人性化的强调应该适度，过度追求满足人性的消费欲望，可能带来环境乃至生态的灾难。

二、绿色设计

绿色设计（Green Design）也称生态设计（Ecological Design）、环境设计（Design for Environment）等，指的是在产品的整个生命周期内，重视其对自然资源、环境的影响，将可拆除性、可回收性和可重复利用性等要素融入产品设计的各个环节中去，在满足环境友好要求的同时，兼顾产品应有的基本功能、使用寿命、经济性和质量。绿色设计是20世纪80年代末出现的一股国际设计潮流，反映了人们对于工业社会对环境及生态破坏的反思，同时，也体现了设计师的道德和社会责任心的回归。如德国著名设计大师迪特·拉姆斯在其提出的"好设计的十项原则"（设计十诫）中，就充分肯定了绿色环保设计的重要性。

绿色设计的核心是"3R"：Reduce、Recycle和Reuse，即节约资源、循环回收和再利用，也称绿色设计的三要素。不仅要尽量减少物质和能源的消耗，减少有害物质的排放，而且要使产品及零部件能够被方便地分类回收，并再生循环或重新利用。在绿色设计中，从产品材料的选择，生产和加工流程的确定，产品包装材料的选定，直到运输和售后服务等环节，都要考虑资源的消耗和对环境的影响，以寻找和采用尽可能合理和优化的结构和方案，使得资源消耗和环境负影响降到最低。

对于绿色设计产生直接影响的是美国设计理论家维克多·巴巴纳克（Victor Papanek，1927—1998）。早在20世纪60年代末，他就出版了一本引起极大争议的专著《为真实世界而设计》（Design for the Real World）。他认为，设计的最大作用并不是创造商业价值，也不是包装和风格方面的竞争，而是成为一种适当的社会变革过程中的元素；他强调设计应该认20上世纪70年代"能源危机"爆发后，他的"有限资源论"才得到人们普遍的认可。绿色设计也得到了越来越多的人的关注和认同。

在建筑设计方面，美国的建筑设计师弗兰克·赖特在1936年设计的流水别墅（图3），可以说是绿色设计的一个典范。赖特是第二代芝加哥学派中最负盛名的人物，他吸收和发展了沙利文"形式追随功能"的思想，曾提出"有机建筑"的主张，其核心是"道法自然"。赖特在设计流水别墅时，充分考虑了材料、装饰、建筑形态与自然的有机协调，建立了一种人与自然、城市生活相互和谐的生活格调和文化品位。截止到1988年，来此参观的总人数超过了100万，流水别墅也成了美国近代建筑史上的经典之作。

绿色设计赋予了"少即多"新的含义。从80年代开始兴起的一种追求极端简单的设计流派，将产品的造型化简到极致，这就是所谓的"减约主义（Minimalism）"。法国著名设计师菲利普·斯塔克（Philip Starck，1949—）是减约主义的代表人物，他给意大利公司Kartell设计的"Louis Ghost"幽灵椅（图4），造型单纯典雅，看上去似乎只是空气中的一个轮廓，透明丙烯材料100%可回收再利用。

绿色设计代表的是一个体系与系统，是多学科彼此交叉下的一种设计理念，具体特征包括：①必须采用生态材料，即其用材不能对人体和环境造成任何危害，做到无毒害、无

图3　流水别墅（赖特，1936年）

图4　幽灵椅（斯塔克，2002）

污染、无放射性、无噪音；②尽可能采用天然、可再生材料；③采用低能耗制造工艺和对环境无污染的生产技术；④产品的设计是以改善生态环境、提高生活质量为目标，有益于人体健康，产品具有多功能化，如抗菌、除臭、隔热、阻燃、调温、调湿、消磁、防射线、抗静电等；⑤废弃材料的再利用；⑥避免使用会破坏臭氧层的化学物质；⑦使用环境友好的包装。

应该看到，要达到舒适生活与资源消耗的平衡、短期经济利益与长期环保目标的兼顾并非易事，这不仅需要设计师自身认识的提高、消费者有自觉的环保意识，也需要政府从法律、法规方面予以推动。从这方面看，绿色设计在一定程度上也具有理想主义的色彩。

三、可持续设计

可持续设计（Design for Sustainability）是指在生态哲学的指导下，将设计行为纳入"人—机—环境"系统，既实现社会价值又保护自然价值，促进人与自然共同繁荣的设计理念。在可持续设计中，各种产品都是将环境保护作为一个重要指标而设计出来的。一个好的设计，不仅要考虑在制造和使用期间不给环境带来伤害（绿色设计），考虑社会资源的可持续性，还要考虑到当它的生命周期结束后是否能够回归，甚至回馈大自然（可持续设计）。在设计理念上，可持续设计与绿色设计具有相辅相成的关系，是绿色设计理念的进一步深化。

可持续发展这一理念是自然保护国际联盟（International Union for Conservation of Nature，IUCN）于1980年首次提出的，之后，广为世界各国所接受。1987年出版的《我们共同的未来》报告，将可持续发展描述成"满足当代人需要又不损害后代人需要的发展"，强调了环境质量和环境投入在提高人们实际收入和改善生活质量中的重要作用；1992年，联合国在巴西里约热内卢召开"环境与发展"全球首脑会议，发布了《21世纪议程》（Agenda 21），为经济和环境的可持续发展提供了行动指南。

为了将可持续发展的理念转化成一种具体化、可操作的设计策略，2006年美国环境质量委员会就签署了《联邦高性能和可持续建筑设计指导原则》（Federal Leadership in High Performance and Sustainable Buildings），其中主要内容包括：①重视对设计地段的地方性、地域性的理解，延续地方场所的文化脉络；②增强适用技术的公众意识，结合建筑功能要求，采用简单合适的技术；③树立建筑材料蕴藏能量和循环使用的意识，在最大范围内使用可再生的地方性建筑材料，避免使用高能耗、破坏环境、产生废弃物以及带有放射性的建筑材料、构件；④针对当地的气候条件，采用被动式能源策略，尽量应用可再生能源；⑤完善建筑空间使用的灵活性，以便减少建筑体量，将建设所需的资源降至最少；⑥减少建造过程对环境的损害，避免破坏环境、资源浪费以及建材浪费。可持续建筑设计指导原则为产品的可持续设计提供了很好的借鉴。

图 5　艾伦椅（施托普夫＆查德维克，1994年）

　　反映在产品设计中，可持续设计的原则有循环使用、再生能源、安全、高效、人性化等。这在范畴上也比绿色设计更进一步。2007年4月，世界知识产权组织（World Intellectual Property Organization，WIPO）发表的名为"绿色设计——从摇篮到摇篮"（Green Design from Cradle to Cradle）的报道指出，可持续发展是当代设计的重点；随着绿色市场的迅速扩张，设计公司之间的竞争关系已转变为战略联盟。绿色设计者——新一代有环境意识的工程师和建筑师，开始重新考虑完整的产品生命周期，贯穿工业制造过程直至产品生命完结；他们的目标是建造无污染工厂，通过设计新的工业方法和关注每一份原材料，制造对环境安全且百分之百可循环的产品。据此理念制造的产品，被赋予一种新的认证标志 Cradle to Cradle™（C2C）。

　　艾伦（Aeron）椅（图5），是在1994年由设计师威廉·施托普夫（William Stumpf，1936—2006）和唐纳德·查德维克（Donald T. Chadwick，1936—）共同设计完成，由美国办公家具巨头赫曼·米勒（Herman Miller）公司生产的，在2000年被美国工业设计师协会（IDSA）评为十年最佳设计。这是一款结合人体工学设计、极其舒适的办公椅。早在开发初期，艾伦椅的设计就定位在使用可回收和耐用的原材料上，做成的座椅使用寿命长，组件易于拆卸和更换，且超过90%的材料都可以自然降解或者再利用，是可持续设计的典型产品。

　　可持续设计一般体现在四个属性上，即自然属性、社会属性、经济属性和科技属性。就自然属性而言，它是寻求一种最佳的生态系统以支持自然生态的完整性和人类愿望的实现，使人类的生存环境得以持续；就社会属性而言，它指在生存于不超过维持生态系统涵容能力的情况下，改善人类的生活质量或品质；就经济属性而言，它指在保持自然资源的质量和其所提供服务的前提下，使经济发展的净利益增加至最大限度；就科技属性而言，它指转向更清洁更有效的技术，尽可能减少能源和其他自然资源的消耗，建立极少产生废料和污染物的工艺和技术系统。目前，可持续的设计理念已经融入当代社会发展的方方面面，它对工业设计的影响将是长期而深远的。

四、信息时代的工业设计

　　信息时代带来了知识爆炸和人工智能的兴起，多学科的知识融合使感性认识、理性推理的协调，成为信息时代工业设计的一种发展趋势；计算机的应用，极大地改变了工业设计的技术手段及程序与方法，设计师的观念和思维方式相应有了很大的转变。以计算机技术为代表的高新技术，开辟了工业设计的崭新领域，消费电子等信息类产品对设计的要求也更新、更高，并把设计的范畴拓展到了改善产品的交互性和用户体验的高度上。

世界著名未来学家、美国阿尔文·托夫勒（Alvin Toffler，1928—2016）于1980年出版的《第三次浪潮》（The Third Wave）一书中认为，信息化时代以"计算机"为主要代表性象征，以信息技术为主体，是以信息和智能为核心的创造与知识的开发。信息时代的工业设计在内容上，由单纯的硬件设计转为硬件与软件的综合设计，人机关系受到了重视；由单个产品、单个设计师的开发活动，转向了多主体跨学科的协同设计。在设计方式上，计算机辅助设计工具的运用，CAD、仿真分析、虚拟制造（CAD/CAM/CAE）三位一体辅助系统的形成，大大提高了设计的效率，缩短了新产品开发周期。

信息时代也造就了一批依靠设计来驱动企业创新和发展的科技型企业，对工业设计创新的要求更加严谨，专业化也成为行业的主导趋势。美国苹果公司就是典型的以工业设计来主导产品创新，在商业上取得不断成功的企业，其工业设计师乔纳森·伊夫设计的Macbook Air笔记本电脑（图6），产品简洁、高雅、用户友好，体现了信息时代的特色；在计算机领域素有"蓝色巨人"之称的IBM公司设计的Thinkpad系列，俗称"小黑"，是笔记本电脑设计的经典。它于1995年推出的一款名为"ThinkPad 701C"的笔记本电脑（图7），创造了人机信息交互的超凡体验，同年被《PC Magazine》杂志授予技术创新奖和最佳便携系统奖，被纽约现代艺术博物馆永久收藏。

信息时代工业设计的主要特征可以归纳为：

1. 设计手段的进步，包括计算机辅助设计与人工智能技术的应用等；
2. 以交互性和用户体验为导向的产品设计；
3. 设计呈现虚拟化、非物质化、协同化趋势；

图6 Macbook Air 笔记本电脑（伊夫，2008年）

图7 ThinkPad 701C（IBM公司，1995年）

4. 抽象知识（信息）的展现；

5. 物质产品之外的企业形象策划与设计，及其在产品上的隐喻；

6. 多元化的设计风格。

五、情感化设计

情感化设计（Emotional Design）是指通过各种形状、色彩、肌理等要素的使用，将情感融入设计作品中，在消费者欣赏、使用产品的过程中激发人们的联想，产生共鸣，进而获得精神上的愉悦和情感上的满足。情感化设计是心理学、脑科学等多学科在工业设计学科的综合应用，也是工业设计中高端设计的一种表现形式。

唐纳德·诺曼（Donald Arthur Norman，1935—）是一位享誉全球的认知心理学家。他惊奇地发现，单纯运作良好的物品未必会受到用户的喜欢。因为人都有感性的一面，对待一个物品，除了理性分析之外，还有感性认识的成分。而且，很多时候感性认识比理性分析对于人们做出决定更为关键，这说明了情感因素的重要性。因此，一个成功的设计者，必须在重视产品易用性的同时，还要强调产品对用户的情感影响。于是，诺曼写作了《情感化设计》（Emotional Design）一书，旨在引导广大设计者重视人们的情绪，在设计中考虑产品的情感因素。该书封面（图8）展示了一款叫"外星人"的榨汁器，这款由意大利著名设计师菲利浦·斯达克于1990年设计的作品，自问以来世，趋之若鹜者、破口大骂者和更多疑惑不解者就争论个没完。产品柠檬般的身躯连着三只细细长长的脚，像是一个来自太空的不速之客，"外星人"的绰号也由此而来。更让人大跌眼镜的是，这款榨汁机除了榨汁功能不行外，其他都很完美，这或许能给我们一些关于产品如何与用户进行情感交流的启示。

图8 "外星人"榨汁机

诺曼指出，人脑有三种不同的加工水平，即本能的、行为的和反思的。与人脑的这三种加工水平相对应，情感化设计中对产品的设计也需要有三种水平，即本能水平的设计、行为水平的设计和反思水平的设计。

1. 本能水平。本能水平的设计主要影响产品外形的初始效果。本能水平处于意识和思维之前，这是外形显得重要，并会形成第一印象的原因。本能水平的设计与用户对产品的最初印象有关，涉及产品的外形、质地和手感。

2. 行为水平。行为水平的设计主要关系到用户使用产品的所有经验，与产品的效用以及使用产品的感受有关。但是感受本身包括很多方面，如功能、性能和可用性（Usability）。产品的功能是指它支持什么样的活动，它能做什么——如果功能不足或者没有益处，那么产品几乎没什么价值；性能是关于产品能多好地完成那些要实现的功能——如果性能不足，那么产品是失败的；可用性描述产品的使用者理解它如何工作和如何使它完成工作的难易程度。当人们在使用产品的过程中感到迷惑或者沮丧时，会导致消极的情感；不过，如果产品确实满足了需要，在使用时充满乐趣而且很容易实现目标，就会导致热烈的积极的情感。

3. 反思水平。反思水平主要指产品给人的感觉，即它代表了一个什么形象，它告诉其他人它的拥有者是什么品位。反思水平在文化间往往有很大差异。需要注意，这里的文化不只是指国家，它还指年龄群体、地理位置、个人修养和职业。譬如北京的女士似乎与重庆的女士有非常不同的饮食喜好，与此类似，北京的青少年与他们的长者也有很大的不同，尽管他们都是在北京，就更不用说纽约、巴黎、东京或者里约热内卢的青少年了。

针对反思维度的设计包含很多领域，可能是非常复杂的。简单地说，反思维度对一个物品的接受，可能包括其意义、性价比、内在含义等多方面的内容。

由此可见，情感化设计中本能水平的设计关乎产品外形，行为水平的设计关系到产品使用的乐趣和效率，而反思水平的设计则涉及用户的自我形象、个人满意度、记忆等因素。

有人说，普通的设计师设计产品，高端的设计师设计情感。德国大众的"甲壳虫"汽车（图9）就是这样一款被赋予了情感色彩的产品：自从1933年德国的费迪南德·波尔舍（Ferdinand Porsche，1875—1951）博士设计出第一代"甲壳虫"起，它在全世界累计产销超过了2000万辆。时任大众汽车美国公司董事的阿瑟·莱顿在他撰写的甲壳虫赞歌《The Beetle》中这样写道："它成为社会风情的一部分。它有着属于自己的神话，人们为它写书、出版杂志，为它像明星一样拍电影，以它为主角的笑话数以百计……"作为德国的"国民车"，它承载了好几代欧洲人对"黄金时代"生活的记忆，这或许就是情感的力量。

情感化设计对现代工业设计的意义在于：把设计师、使用者的情感融入产品设计中，使设计的对象从一个工业产品上升到了拟人化的境界，给设计对象注入了灵魂，使产品能先与设计师、之后与使用者进行感情的表达与互动。

图9 "甲壳虫"汽车（大众，1938年）

六、用户体验设计

用户体验设计（User Experience Design，UE/UX），是指充分考虑用户与产品交互时的各种感受，使产品有用、易用且令人愉悦，以提升用户使用满意度的设计方法。它涉及视觉设计、信息架构设计、可用性设计、交互设计等多个方面。用户的感受是心理投射激励和行为内化共同作用的结果，是源自用户自身的，具有自发、多变、不稳定、难以捉摸的特点。强行设计或预设用户的体验结果或会受到用户的抵触，达不到预期的结果，换言之，用户体验只可以诱发不可以强加。美国经济学家约瑟夫·派恩（B.Joseph Pine II）在其著作《体验经济》中，高度肯定了用户体验对 21 世纪经济社会的作用。也正是因为其特殊的重要性，设计界对用户体验设计方法和理论上的探索也正在快速发展之中。

有关用户体验设计的记载，可以追溯到 1430 年达·芬奇的"厨房噩梦"。国际著名的潜能开发大师迈克尔·葛柏（Michael J. Gelb）在他的著作《如何像达·芬奇一样思考》（How to Think like Leonardo da Vinci）中讲述了米兰公爵委托达·芬奇为高端宴会设计专属厨房的故事：达·芬奇运用他一贯的创造性天赋，把技术和用户体验融入整个厨房设计的细节里面，比如传送带输送食物、首次在厨房里加入了喷水灭火系统等。有意思的是，传送带是纯人工操作，工作不太正常；更麻烦的问题出在喷水灭火系统上，在一次火灾发生时竟然完全失灵了。这是用户体验设计的最早的尝试。

随着 20 世纪 90 年代计算机的普及，用户体验逐渐成为设计师关注的重点，发展成了一门独立的学科。时任苹果公司先进技术部副总裁的唐纳德·诺曼于 1995 年提出"用户体验设计"一词，系统地涵盖了设计中的以用户为中心、人机交互及其交叉与融合关系。

美国学者杰西·詹姆斯·加瑞特（Jesse James Garrett）和罗伯特·鲁宾诺夫（Robert Rubinoff），在《用户体验的要素》一书中，将用户体验划分成为战略层、范围层、结构层、框架层、表现层。

1. 战略层。明确商业目标和用户目标，解决两者之间的冲突，找到平衡点，确定设计原则和产品定位。

2. 范围层。进行需求采集和需求分析工作，确定功能范围和需求优先级。

3. 结构层。完成信息架构与交互设计。

4. 框架层。进行界面设计、导航设计、信息设计。

5. 表现层。包含了视觉设计和内容优化。

鲁宾诺夫在将用户体验量化后提出其四个要素：品牌、可用性、功能性和内容，并整合运用这四个要素在产品设计中的表现来对产品的用户体验进行评估。

亚马逊公司推出的 Kindle 电纸书广受欢迎（图 10），它具有便携、护眼、专一、握感好、阅读功能强（多种格式）、高分屏幕……其中，最令人称道也是令设计师们最疑惑不解的是，如此单一功能的产品因何而成功？其实，作为一个阅读器 Kindle 已经做到了极致，提供了最好的用户体验。面对某些拼完功能、拼配置，再拼价格，最终两败俱伤的恶性竞争案例，Kindle 的成功很值得设计师们深思。2011 年发布的 Kindle Touch 曾在 2013 年商业内幕（Business Insider）科技网站组织的电子产品评选中击败苹果的 iPhone 4 和 iPad 2 成为年度最佳设计。直到今天，Kindle 电纸书的交互体验仍然广受赞誉。

图 10　Kindle 电纸书（亚马孙，2011 年）

在技术同质化日益严重的今天，谁能提供更好的用户体验，谁就能"掳"得用户的"芳心"。优质的用户体验已经成为一项可持续的产品竞争优势，是企业建立技术壁垒的新的利器，也终将成为企业赢得竞争的最终法宝。

从人性化设计、绿色设计、可持续设计、信息时代的工业设计、情感化设计到用户体验设计，新的潮流反映出在信息时代人们对冷冰冰的、机械式理性的工业产品设计的反思和对于人性化回归、对社会可持续发展的诉求，这也是当代工业设计的典型特征。

第二节　当代工业设计的现状

一、变革：工业设计的主旋律

纵观当代工业设计现状，信息与智能时代的国际设计界，正经历着从物质产品设计向精神产品设计、从实体设计向虚拟设计、从注重审美向注重体验的转变。工业设计正处在一个伟大的变革时期，世界工业设计形势也出现了新的变化。

第一、工业设计的品牌意识逐渐加强。西方发达国家已经形成许多具有国际影响力的设计公司，这些设计公司具有全球服务的意识，并逐渐形成了自己的品牌以及设计哲学。如美国的艾迪欧（IDEO）公司、则巴（ZEBA）公司，英国的惠誉（FITCH）公司，日本的 GK 公司以及荷兰的飞利浦（PHILIPS）公司等。在中国，工业设计产业正在孵化，企业已经开始意识到品牌的力量，并开始出现国产化的品牌。

第二、服务形式的综合化与经营全球化。在世界经济风云变幻的今天，由于市场竞争的加剧和对产品创新的巨大需求，在欧洲、亚洲和北美洲，每年都会有大量新型的设计公司出现。这些公司能够向企业提供从产品的外形和工程设计，到市场研究、消费者调查、人机学研究、产品交互设计、公关策划，甚至企业网站设计与维护等全方位的服务，并具有全球性活动的能力。事实上，这些新型的设计公司已经建立起了全球性的服务网络，以应付当今时代世界经济全球化、扁平化的发展趋势。

第三、设计作为一种生产力再次受到各国、特别是发展中国家政府的重视。世界金融危机以及国际经济的一体化进程，使得发展中国家日益意识到，依靠资源消耗、低附加值的劳动密集型产业，无法实现民族的复兴和可持续发展。中国政府也从国家发展的战略层面提出要"高度重视工业设计"，近年来，国内的工业设计及其教育取得了长足的进步。

二、创新：新的设计思维正在形成和完善

设计思维，既是积极改变世界的信念体系，也是一套如何进行创新探索的方法论系统，包含了触发创意的方法。设计思维以人们生活品质的持续提高为目标，依据文化的方式与方法开展创意设计与实践。目前，设计思维已经是世界上各大设计学院的必修课。

智能新时代呼唤设计创新，更需要有新的设计思维来适应新设计的需要。以约翰·杜威为代表的实用主义哲学对设计教育的影响不容忽视，也影响到了新的设计思维的形成与发展。美国IDEO的设计思维，使产品设计从适用、经济、美观变成了以人为中心，形成了从产品开发的角度推动商业创新的系统的设计理论。正如IDEO总裁兼首席执行官蒂姆·布朗（Tim Brown）所说："设计思维是一种以人为本的创新方式，它提炼自设计师积累的方法和工具，将人的需求、技术可能性及对商业成功的要求整合在一起。"IDEO所倡导的设计思维和方法，提升了设计师在公司中的价值，重新定义了设计创新的内涵，即设计不再仅仅是产品的成功，也应该是公司运营模式的创新和整个商业系统的成功。

当然，也有学者对IDEO的设计思维提出了质疑。如纽约大学娜塔莎·伊斯坎德（Natasha Iskander）曾在"哈佛商业评论"中写道："（IDEO）设计思维并没有真正鼓励它所宣称的创新。相反，这是'一种保护和捍卫现状的战略，而且是一种过时的旧战略'。设计思维将设计师的特权置于它所服务的人之上，这样做限制了参与设计过程。"这种来自不同观点的质疑，恰好说明了这样一个事实，那就是适应新时代的创新设计思维正在争议中完善、在批评中成熟、在实践中发展。

21世纪注定是一个不平凡的时代。当前国际单边主义抬头，经贸摩擦加剧，靠拿来主义、来料加工、出售资源的粗放式发展模式已经走到了尽头。新的国际局势给工业设计带来了巨大的挑战，同时也是发展的机遇。应该看到，在国内的设计领域，仍存在着市场格局混乱、缺乏创新和设计资源短缺的现象。如何调整产业结构，实现由"中国制造"到"中国设计""中国智造"的跨越，不仅是中国政府和每个企业，也是每个工业设计从业者都要认真思考的问题。

第三节 工业设计发展的趋势

任何一种趋势只有放在特定的社会宏观环境下来谈才有意义。一个行业的发展趋势，从根本上来说，应该与这个行业所处社会的经济、生态模式、全球环境相匹配。未来的工业设计到底会走向何方？在新的时代里工业设计会出现哪些新的潮流？这些问题的探究，对正确把握工业设计未来的发展有积极的意义。

21世纪的工业设计呈现出了崭新的发展趋势。在业界享有盛名的《戴维斯报告》（David Report）[1]，在2008年10月发表的工业设计趋势报告中提到了五个关键词：清新的文化（Cooltural）、理性的复兴（Rationaissance）、责任（Responsibiz）、感官诱惑（Sensuctive）和打破边界（Breaking Boundaries），或许就是对未来工业设计发展趋势的一个很好的诠释。至今读来，仍不失其前瞻性意义。

一、清新的文化

全球化是一种大趋势，强调的是全球资源的优化配置。但是，由此而引起的"全球化"进程却导致了无论我们身在全球何地，都会发现千篇一律的建筑风格和室内设计，就连室内的产品也毫无差异。无论喜欢与否，由于巨大经济利益的驱动，这种"全球化"的趋势依然在迅速蔓延。设计的"全球化"现象，带来的是一种令人厌烦的、毫无生命力的单调，造成地域文化的特殊性逐渐被抹杀。

清新的文化是在说一种相对充满个性、脱离毫无特色的全球化的趋势。如果跨国公司想成为这种趋势中的一员并渴求这种真谛的话，就必须将顾客作为有独特需要的个体来对待；需要停止把一模一样的商品运往全球各地；同时，在每个大陆、每个国家、每个城市，甚至每个街区，创造不同的形象与产品系列。只有这样，顾客才能获取与之文化相适应的产品使用感受与独特的体验。

在城镇里制作绝妙咖啡的咖啡师、手工打造的独特的珠宝以及在古董店里与众不同的选择，这些都是与文化有关联的。民俗及工匠艺人的产品，可以使设计师从当地传统与区域特色中获取灵感。图11是芬兰插画家克劳斯·哈巴涅米（Klaus Haapaniemi，1970—）设计的图样，这种来自瑞典北部达拉那的当地图案，被创新地应用于新产品上，给消费者带来了独特的文化感受。

清新的文化同样也倡导通过再使用与再结合的方法，从不同的角度重新设计产品，而不是隐藏它的本源。在"清新的文化"的概念下，产品内涵将会重新变得非常重要，那些

---

1 《戴维斯报告》始自2006年，是颇有影响力的在线英文线杂志，主要探索设计、文化与商业交叉的问题（网址：http://davidreport.com/）。为"原汁原味"的呈现其观点，本书保留了原作的叙述文风。

图 11 瑞典民俗图样（哈巴涅米，2008 年）

历史的传统，也会经过一些演变而以新的面貌展现出来。总的来说，清新的文化就是关于一个故事或是一段历史的描述，需要每个设计师用心去把握。

二、理性的复兴

理性复兴的本质是功能主义，在理性的同时又带有现代主义的特征。理性是那些可以保存很长时间，甚至可以遗传给下一代的东西，它的完美随时间而永恒，因而超越时间，经久不衰。

我们很清楚经过历史的洗礼而流传至今的符号性的产品是什么样子，但是，今天流传到未来的又会是什么样子呢？想象一下是否存在一种定律，能够创造出这样的产品，使得这种产品同我们这个存在弱肉强食的社会抗争，并朝着既定的方向发展，使其代表的真、善、美得以保存。

设计师们正尝试去定义一种永恒的产品，这种产品能够明确地反映它的年代，同时又突破技术与生产工艺的限制。最近有研究表明：每个人每天至少要接触到 3000 个品牌的产品，人们的眼睛疲倦了，大家需要"少"，并希望产品以一种轻松的、缓慢的语气与人对话。

理性的复兴所代表的是不断地思考，它使"简洁"深入人心，蕴含了少而精的细节与不可见的科技因素，使产品易于理解、易于使用，并具有长久的生命力。

理性的复兴所呈现的形式，是通过全面的充分思考而得到的，它能同所处时代的产品相媲美，它的产品造型简约而不乏多彩与趣味；占用很少的资源、不事雕琢却又隐含着许多技术。它是源于整个大脑的设计思考。这种趋势是对简约与精细、分散与整体的一种平衡。这样的产品非常简单、易于理解，便于使用，而且生命周期长。在这个越来越复杂的社会中，人们需要这样的"伙伴"。

苹果公司就是一家践行"理性的复兴"思想的公司，以现代化、功能化、符号化为其产品的最大特点。它们友好的界面以及吸引人眼球的产品，使它们领先于同行及竞争对手。这就是为什么苹果能自豪地拥有一心一意地信赖和依靠自己产品的品牌迷。

值得一提的是，苹果的设计师从历史上得到很多借鉴，从而将现在、过去与未来进行了融合，这或许就是他们成功的原因。在往产品里融入了历史因素的同时，他们也凭借其智能兼容性，而使公司的产品处于绝对超前的地位。简单地对比一下 IPhone 里的虚拟计

算器界面与德国布劳恩公司 20 世纪
50—60 年代的计算器（图 12），就
可以看出苹果的一些巧妙的借鉴，这
就是设计界中所说的"趋同进化"[2]
（Convergent Evolution）。这个
例子中所展现给我们的是对经典的崇
敬与重新利用。这种"趋同进化"的
现象也揭示了"理性的复兴"的趋势。

三、责任

责任在关注人们的日常需求及世
界公平的同时，要求我们尽量减少对
周围环境的影响。英国的新经济基金
会最近预言说：我们只有 100 个月
来改变人类发展的进程，否则就太迟
了。这确实值得我们警醒。

丹麦因迪克斯（Index）大奖每
年都会关注这方面的设计，生命麦秆
（Life Straw）就是获奖作品之一（图
13）。这是一种个人便携式水净化工
具，主要针对地球上水资源匮乏地区
而做的公益性设计，体现了人性的关怀。

图 12　IPhone 虚拟计算器与布劳恩计算器

图 13　生命麦秆（丹麦，2005 年）

要用整体的眼光看待可持续性设计的重要性，不能轻视它，不能将它与材料选择等同
起来。同时，还要重视情感、真实性、美学、兼容性以及这些因素长期以来对产品耐用性
的影响。

有多少公司延长了他们产品的使用寿命呢？你是否注意到，在当今这样一个以消费为
导向的世界里，让人们的房间里充满不必要的东西是多么的容易。当你发现自己有一些最
后不能使用或不流行的短期消费品时，你会把它们扔掉，使这个星球上无用垃圾的数量不
断增长，而你会继续购买新的东西。这就是伊塔拉（Iittala）的设计哲学。

伊塔拉品牌是有 128 年历史的芬兰国粹。长久以来，伊塔拉公司是这不断改革中的一

2　趋同进化是生物学术语，指不同的物种在进化过程中，由于适应相似的环境而呈现出表形上的相似性，也指不同起
源的蛋白质或核酸分子出现相似的结构和功能。

图 14　伊塔拉品牌的花瓶

部分，它的设计理念是，相信人们在生活中能够有意识地选择那些能够长久保持设计特色及功能的产品（图 14），这既能让其感觉愉悦，又能为生活创造和谐。幸运的是，这同样也是一个能够长期持续的社会的选择，即抵制购买那些注定要扔进垃圾桶里的短期产品。

责任在召唤设计师的环境意识。可持续性设计，是在生态哲学的指导下，将设计行为纳入"人—机—环境"系统，既实现社会价值又保护自然价值，促进人与自然的共同繁荣。

在未来，优秀的商业行为将会更加紧密地与战略化的商业策略相联系。作为一个设计师，必须十分清楚这个社会的发展趋势以及它的核心价值，不然所设计的产品就会与社会需求脱节。这同样也会影响哪些产品或服务最终会取得发展。仅有全局观或者不滥用我们有限的资源还远远不够，未来的设计师需要承担更多的社会责任，而不是仅受利益驱动，在负责任的基础上，为社会的和谐与可持续发展，设计更多充分体现人类与社会价值的产品，提供更多的服务。

四、感官诱惑

感官诱惑是人类最原始的、天生的本性，可以是某一个瞬间的奇妙体验，也可以是我们记忆深处的温馨，还可以是共鸣的震撼。从这种意义上讲，感官诱惑是关于自我意识的，是低科技的，是易于理解的。在这个以科技为主导的时代，需要越来越多富有诗意的产品，带来感官上的愉悦，使人们感悟自身。

对设计而言，通过感官诱惑来刺激对特定产品的需求将变得更加强烈。这里的诱惑是指为人们的需求和愉悦而进行的设计。在一个完全被科技所定义的世界里，有时候人在这幅画中显得不那么协调。人们希望被看见，希望全身心地去感受，希望寻求基于情感设计的体验，渴求那种有时与诗歌相交融的设计、那种开全新之门以获取感官体验的设计，那种让人们与自我亲密接触的设计，这就是人的自我意识。

在精神上，人们期盼能再次与那种重要的、与历史相联系的生命仪式相交融。这种诱惑完全是个人的、小范围的、毫无修饰的本能行为。正是那些琐碎、特别而非普通的时刻，使得生命有了意义。一旦人们触碰到自己的感知，生活将变得更加充实。

基于感官诱惑趋势的设计如同梦一样真实。一个很好的例子是佩特拉·埃奇勒（Petra Eichler，1971—）和苏珊·凯斯勒（Susanne Kessler，1973—）为荷兰公司设计的纸森林，用声音和光线吸引人们徘徊其中。日本南豆（Nendo）工作室设计的类似于植物藤蔓一般的衣架，也仿佛在跟人们的潜意识耳语。在 2006 年 4 月的米兰设计周上，瑞典时装零售商 COS 邀请日本建筑师藤本壮介（Sou Fujimoto，1971—）打造了装置"光之森林"，漆黑的空间里屹立着若干个光线组成的圆锥体，声音、镜子和不易察觉的烟雾共同营造出了一个梦中的幻境，似乎也在和人们的感觉进行某种交流（图 15）。

说到体验，就有必要提及以多维装置闻名的丹麦艺术家奥拉维尔·埃利亚松（Olafur Eliasson，1967—）——他的装置就像跨越了世界，一个例子就是他于 2008 年设计的纽约瀑布（The New York City Waterfall）（图 16）。回溯他几年前做的"天气工程"（The Weather Project）设计（图 17）——摆放在伦敦泰特现代艺术博物馆（Tate Museum of modern art）里的一件了不起的装置艺术，那是一个强烈而又独特的体验，把人们的注意力吸引到对地球最基本的认识上去。当谈论设计、品牌与艺术时，不能不说一种真切的文化关联是非常重要的，而天气工程当然含有这种联系。

图 15　光之森林（藤本壮介，2006 年）

这种诱惑同时也是一种感受以及属于个人时刻，它与人们的记忆以及情感有关，就像各种仪式与典礼能帮助人们理解探索未知的世界。这种感官诱惑很直观，因而能被全世界人所理解、富有人情味，所以促进了人与人之间的沟通，这就是它如此重要的原因。意大利设计师保拉·纳乌妮（Paola

图 16　纽约瀑布（埃利亚松，2008 年）

图 17　天气工程（埃利亚松，2004 年）

Navone，1950—）以鲜明的情感和原始的感受，创造出人情化的室内装饰与产品，是历史上色泽运用方面的大师级人物。她从过去中重新探索设计，并以崭新的、当代的手法运用到现实的生活中去。作为一名世界公民，她在对不同文化的极度兴趣的驱动下，向人们讲述着不同材质的内涵。纳乌妮给人们带来这样一种感觉，即她把情感经历带到了另一个层面之上：那是一种将新旧结合的吸引力，总是能给人们带来温暖，并唤醒我们对某些珍贵经历的回忆。坐落在意大利米兰的斯帕齐奥·如萨纳·奥赫朗迪（Spazio Rossana Orlandi）公司边上的面包和水（Panee Acqua）餐厅（图 18），就是她设计里的一个很好的例子。

感官诱惑的实现是建立在某种神秘氛围中的，灵感同时也来自于自然，也有关于城市以及其多元化的内容。引用法国诗人查尔斯·波德莱尔（Charles Baudelaire，1821—1867）的话来说，城市中的生活充满着诗意和惊奇。譬如英国女设计师伊尔泽·克劳福德（Ilse Crawford，1962—）2008 年设计的工作室台灯 W08（Studioilse w08）（图 19），就是这样的一款产品。W08 通过不同的材质组合，形成与其他主流的新品截然不同的风格。在伊尔泽看来，W08 不仅是一个台灯，而且是人们晚上的朋友与伙伴。在谈到对材料的看法时，她这样说："材料能够隐藏信息，这在我们的情感与精神之间建立了强烈的纽带，并塑造了同生活之间的联系。我们欣赏制造商的广告词：这是一盏为办公室、旅馆和山洞所准备的灯。"

精神性不再仅仅意味着新时代的沟通，它还是主流文化意识的核心，包括思想、精神与身体。未来的产品中，人们将会看到更多有精神附加价值的东西，这将作为一种非常普遍的现象而影响设计。它也一定会吸引更多像乐活（Lifestyles of Health and Sustainability，LOHAS）（健康可持续的生活方式）这样的公司。在 2008 年，这家公司的产品及服务拥有约 2300 亿美元的市场份额，这其中包括健康、环境、社会正义、可替代交通运输、能源、绿色建筑、生态旅游、个人发展以及可持续生活等等。这并不是仅仅意味着要为更好的生活而奋斗，同时也意味着自我提高。

图 18　面包和水餐厅（纳乌妮，2008 年）

图 19　工作室台灯 W08（克劳福德，2008 年）

五、打破界限

打破界限意味着要有前瞻性。换句话说，打破界限指的不一定是一些建立在新技术或高科技上的东西，也可以是新材料的应用或其他方面。

这种超越技术的趋势会深入表面而进入更深的层次，甚至在心理学层面上对设计的发展产生影响。在某种意义上，打破界限意味着不同极端的相互转化，如区域化与全球化、科技与哲学、身体与心理。这种打破边界的设计，对于改变世界以及改变未来相当重要，人们需要通过全新的思维方式去思考，一种与众不同的、能够将高矮、南北、东西、虚实相结合的思维方式。

文化流浪者兼设计师辛辛卓·帕考利（Satyendra "Satyen" Pakhale，1967—）是这样说的："设计是普遍的诗歌，它不是一种职业而是一种生活方式。"他的设计哲学是建立在转换与连接之上的。无论涉及普通想法、道德还是完全专业的知识，他都敢于进入未知领域去探索。他努力把设计与自然、科技与人文、古代与当代、人的身心与工程技术相融合。

作家弗朗斯·约翰森（Frans Johansson）在谈到交叉领域时曾说过："这里是奇迹与非凡发生的地方。创造性在这里爆发。"想知道白蚁与建筑师之间的关系吗？他举了一个很有意思的例子：这是由建筑师米克·皮尔斯（Mick Pearce，1938—）通过领域融合所设计的、位于津巴布韦首都哈拉雷（Harare，Zimbabwe）的节能建筑——东门中心大厦（The Eastgate Centre Building）（图 20），对未知自然的好奇，让他从白蚁以及它们像泥堆一样的洞穴的冷却方式上受到启发，为建筑设计了自然通风系统。弗朗斯·约翰森认为，那些涉足不同领域与文化交叠之间的人能够改变世界。

另一个例子是西班牙非常有名的餐厅埃尔·乌易（El Bulli）。该餐厅坐落于巴塞罗那以北 10 公里的尕拉·蒙托易（Cala Montjoi），在主厨费兰·亚德里亚（Ferran Adria）的带领下，已成为西班牙最具实验性的先锋派餐厅。他们通过分子美食法（图 21），将烹饪与用餐体验引入未来，营造的整体体验效果也为世人所钦佩。在那里，他们

图 20　哈拉雷东门中心大厦（皮尔斯，1996 年）

图 21　分子美食（埃尔·乌易餐厅，西班牙）

的 15 张桌子与 50 个座位需要提前至少一年预定，每年都有成百上千的人在为预订座位而努力。当费兰·亚德里亚不在餐厅工作时（只在夏天开放），他就和他的助手以及化学家们，探讨打造新的呈现食物口味的方式。

打破界限不单单指设计上的各种界限的突破，也指通过革新设计的方式使人购买更少的东西。在瑞典兰德大学（Lund University）的硕士学习中，设计师玛丽·尼尔森（Marie Nilsson）提出了一种新的消费品设计方式：创造鼓励分享的产品、服务或系统，质疑传统的消费方式及私人拥有，预见共有、借租的可能性。要实现这些理想，就需要为此挑战付出极大的努力，因为社会在人们的身上已经留下了太多的物质产品的烙印。譬如，不少人将自我形象建立在最新的车子及手机之上，更不用说人的门面——衣服了。要知道，时尚界正全力以赴力争使人们的流行趋势至少每两年一变。

对于人们常说的位于设计与艺术之间的"大众化"又该怎么看呢？它是否也是突破界限的好例子，是一种设计前进的方向，抑或只是死路一条？其实，设计与艺术是两个完全不同的领域：艺术提出问题，设计解决问题。真正的艺术不是为了取悦市场，它有自身的价值与真实性。

长期以来，关于工业设计应该以艺术还是以工程技术为主的争论就没有停息过。那么工业设计究竟应该以谁为主呢？艺术？工程技术？抑或都是？都不是？实际上，从工业设计自身的观点来看，它既不属于艺术，也不属于工程技术。它应该是包含了工程技术、艺术和其他相关学科的一门综合性学科，有它自身的定位和科学基础。如果说创新创造还不足以标志工业设计的学科特点的话，那么，打破这些学科之间的界限，或许就是对工业设计——这门既古老又年轻的学科的独立性的最好的诠释。

思考题

1. 在信息时代，工业设计的发展趋势有哪些？作为工业设计师，应该如何在设计实践中顺应这些发展趋势？
2. 什么是可持续设计？试列举一到两例生活中的具有很好的可持续设计的案例。
3. 试分析绿色设计与可持续设计之间的关系。
4. 试论述如何协调未来工业设计发展趋势中的各因素。
5. 参考情感化设计内容，试设计一款你自己认为好玩又有丰富情感内涵的产品。
6. "用户体验只可诱发，不可强加"，你是否同意这样的观点？试述你的理由。
7. 试述什么是用户体验？找一款你熟悉的产品，分析一下如何提高其用户体验度。
8. 在最近的一届 IDEA（美国工业设计优秀奖）获奖作品中选择一件，从多角度进行模拟评审。

延伸阅读

1.［美］威·约·马丁 著，胡昌平 译，信息社会，武汉大学出版社，1992 年。

2.［美］David Carlson, New report about 5 key design trends, David Report, 2008 年 10 月。

3.［美］谢卓夫 著，刘新 ，覃京燕 译，设计反思：可持续设计策略与实践，清华大学出版社，2011 年 6 月。

4.［英］加文·阿兰伍德，皮特·拜尔 著，孔祥富，路融雪 译，国际经典交互设计教程：用户体验设计，电子工业出版社，2015 年 8 月。

附录一：

世界百年工业设计大事

一、工业设计的奠定时期

1834 年 威廉·莫里斯诞生

1848 年 "拉菲尔前派"成立

1851 年 伦敦世界博览会

1853 年 都柏林工业产品大展，纽约世界博览会

1861 年 莫里斯公司成立

1867 年 巴黎世界博览会

1897 年 "维也纳分离派"成立

1898 年 日本 Toyoda（后改为 Toyota 丰田）公司成立

1899 年 意大利菲亚特（Fiat）汽车公司成立

1905 年 富兰克·罗耶·怀特（Frank Lloyd Wright）首次去日本旅行

1905 年 彼得·贝伦斯（Peter Behrens）设计 AEG（德国通用电气公司）标志

1907 年 德意志制造联盟（Deutscher Werknund）成立

1908 年 意大利 Olivetti 公司成立

1909 年 《未来主义的创立和宣言》发表

1909 年 意大利 Alfa Romeo 汽车公司成立

1910 年 钢管用于 Fokker Spider Mark 1 型飞机

1912 年 莫诺铸排机（Monotype）首次压印出机器组成的字体

1913 年 第一辆福特 T 形汽车在生产线上制造出来

1913 年 法国雪铁龙（Citroen）公司成立

1913 年 英国 Omega 公司成立

1915 年 英国成立"设计与工业联合会"

1918 年 松下公司成立

二、工业设计体系的确立时期

1919 年 包豪斯在魏玛创办

1924 年 马特·斯特蒙（Mart Stam）设计钢管椅

1925 年 包豪斯迁移到德韶

1925 年 铬获得商业性的使用

1927 年 赫伯特·贝耶（Herbert Bayer）设计通用字体

1928 年 多姆斯（Domus）杂志在意大利创办

1929 年 纽约现代艺术博物馆建立

1930 年 "Thone14 号"椅子在德国生产 5000 万把

1932 年 包豪斯迁移到柏林

1932 年 纽约现代艺术博物馆展出国际风格产品

1933 年 包豪斯关闭

1933 年 亨利·贝克（Hmry Beck）设计伦敦地铁交通图

1934 年 华特·格罗佩斯（Walter Gropius）迁居英国

1934 年 雷蒙德·罗维（Raymond Loewy）开发 "Coldspot" 冰箱

1934 年 克莱斯勒 "气流形" 车型发布

1935 年 英国成立 "工业设计联合会"

1937 年 开发新材料聚氨酯

1937 年 华特·格罗佩斯（Walter Gropius）迁居美国

1937 年 哈利·厄尔（Harley Earl）设计 "Buyck 'Y'" 型汽车

1938 年 德国大众汽车制造厂生产 "大众甲壳虫" 汽车

1938 年 赫伯特·贝耶（Herbert Bayer）和米斯·凡·德洛（Ludwig Mies van der Rohe）移居美国

1939 年 雪铁龙 2CV 车型推出

1939 年 芬兰阿拉比亚（Arabia）工厂成为欧洲最大的瓷器生产厂家

1939 年 纽约世界博览会

三、战后工业设计的恢复与发展时期

1940—1945 年 开发新材料聚氯乙烯、聚苯乙烯、有机玻璃

1942 年 纽约现代艺术博物馆展览 "家用商品中的有机设计"

1943 年 英国成立 "设计研究会"

1943 年 瑞典宜家（Ikea）家具连锁店成立

1945 年 第一台数字式计算机在美国宾夕法尼亚州大学研制成功

1946 年 "Veapa" 摩托车由卡莱迪诺·德·阿斯卡尼罗（Corradino d'Ascanio）设计并投入生产

1946 年 德国大众汽车制造厂在英国军队接管下重新开始生产

1946 年 塔皮欧·维卡拉（Tapio Wirkkala）设计 Kantfarell 花瓶

1946 年 "英国能够制造" 展览举办

1947 年 科学家在贝尔电话公司开发晶体管

1947 年 艾洛特·诺伊（Eliot Noyes）开办自己的设计事务所

1948 年 日本本田（Honda）公司创办

1948 年 纽约现代艺术博物馆举办 "廉价家具设计" 竞赛

1950 年 TTK（Sony）公司制造出日本第一台磁带录音机

20 世纪 50 年代 计算机辅助设计（CAD）在马萨诸塞州技术研究所初具规模

1951 年 美国阿斯本（Aspen）国际设计联合会开始

1952 年 纽约现代艺术博物馆举办 "Olivetti" 工业设计展览

1952 年 英国独立设计小组成立

1953 年 乌尔姆（Ulm）高等造型学院创办

1954 年 雷蒙德·罗维（Raymond Loewy）为灰狗汽车公司（Greyhound Bus Company）设计灰狗汽车

1955 年 日本 Sony 公司研制成首台全晶体管收音机

1955 年 怀特·多文·蒂古（Walter Dorwin Teague）设计波音 707 飞机内部

1955 年 亨利·德勒福斯出版《为人的设计》（Designing For People）一书

1957 年 苏联发射世界上第一颗人造地球卫星

1957 年 美国研制出世界第一块半导体集成电路板

1957 年 国际工业设计协会联合会（ICSID）在伦敦成立

1957 年 埃特·索特萨斯（Ettore Sottsass）开始与 Olivetti 公司的合作

1957 年 日本 GK 工业设计组织成立

1957 年 雪铁龙 DS 车型发布

1958 年 伯特汉德（Berthold）研制出世界第一台商用照相排版系统

1959 年 国际工业设计协会联合会（ICSID）在瑞典斯德哥尔摩举行题为"工业设计的国际定义"首次会议

四、工业设计的繁荣时期

1960 年 日本成为"首次世界设计大会"的东道主

1960 年 迪特·拉姆斯（Dieter Rams）成为布劳恩（Braun）公司设计部门主管

1961 年 国际工业设计协会联合会（ICSID）在意大利威尼斯举行题为"社会中工业设计的作用"的会议

1961 年 《隐蔽的眼睛》（Pribate Eye）杂志在伦敦创办

1963 年 国际工业设计协会联合会（ICSID）在法国巴黎举行题为"关于工业设计的统一要素"的会议

1964 年 龟仓雄作（Yusaku Kamekura）主持设计东京奥林匹克运动会标志

1965 年 拉尔菲·南德（Ralph Nadar）出版《任何速度都不安全》（Unsafe at Any Speed）一书

1965 年 国际工业设计协会联合会在奥地利维也纳举行题为"设计与社会"的会议

1966 年 意大利激进设计组织"Superstudio"和"Archizoom"在佛罗伦萨成立

1966 年 罗伯特·文丘里（Robert Venturi）发表《现代建筑的复杂性与矛盾性》一书

20 世纪 60 年代中期 美国首次生产中密度纤维板

1967 年 国际工业设计协会联合会在加拿大蒙特利尔举行题为"从人类到人类本身"的会议

1968 年 乌尔姆（Ulm）高等造型学院关闭

1969 年 美国两名宇航员首次在月球着陆

1969 年 国际工业设计协会联合会在英国伦敦举行题为"设计和社会及其未来"的会议

1971 年 维克多·佩帕尼克（Victor Papanek）出版《为实现世界的设计》（Design for Real World）一书

1971 年 国际工业设计协会联合会在西班牙伊维萨举行题为"流动社会和设计"的会议

1972 年 克里维·森克兰（Clive Sinclair）研制出世界第一台袖珍计算器

1972 年 罗伯特·文丘里出版《向拉斯维加斯学习》（Learning from Las

Vegas）一书，此书成为后现代主义建筑的经典理论

  1972 年 英国潘塔格拉姆（Pentagram）设计公司成立

  1972 年 "意大利家用商品新风貌"展览在纽约举行

  1973 年 国际工业设计协会联合会在日本京都举行题为"精神与物质"的会议

  1973 年 "全球工具"（Global Tools）小组成立

  1973 年 Philips 公司出版第一本"企业风格"手册

  1974 年 吉奥杰欧·乔治亚罗（Giorgio Giugiaro）为大众汽车公司设计的"Golf"汽车投入生产，并成为欧洲最流行的批量生产汽车

  1975 年 国际工业设计协会联合会在苏联莫斯科举行题为"适合人类社会需求的设计"的会议

  1976 年 克里维·森克兰（Clive Sinclair）设计袖珍电视机

  1976 年 协和式飞机通过英国航空公司和法国航空公司进入商用服务

  1976 年 "Alchymia"工作室在米兰成立，此工作室成为最早的后现代设计组织

  1977 年 国际工业设计协会联合会在爱尔兰都柏林举行题为"发展与识别"的会议

  1978 年 Sony 公司设计出"Sony Walkman"

五、工业设计的多元化发展时期

  1978 年 菲利浦·约翰逊（Philip Johnson）的"AT&T"大楼始建，它成为美国的公司形象接纳后现代主义的象征

  1979 年 瑞典人机设计组成立

  1979 年 国际工业设计协会联合会在墨西哥墨西哥城举行题为"工业设计——人类发展的要素"的会议

  1979 年 索尼公司推出世界第一台个人便携式磁带放音机 TPS-L2

  1980 年 国际工业设计协会联合会在巴黎年会上发表工业设计的新的定义

  1981 年 "孟菲斯"（Memphis）在米兰公开成立

  1981 年 国际工业设计协会联合会在芬兰赫尔辛基举行题为"走向综合设计"的会议

  1982 年 福特公司投产乌维·伯汉森（Uwe Bahnsen）设计的"Sierra"汽车，它是为大众市场提供的激进设计

  1982 年 米兰的多姆斯（Domus）学院开设有关设计的研究课程

  1982 年 德国"青蛙"设计小组成立

  1983 年 国际工业设计协会联合会在意大利米兰举行题为"从勺子到城市"的会议

  1983 年 "1945 年以来的设计"回顾展览在美国费城艺术博物馆举行

  1984 年 安德尔·布莱兹（Andrea Branzi）出版《热房子》（The Hot House）一书，

这是有关战后意大利激进设计的重要著作

1984 年 苹果公司研制出"Apple Mac"个人电脑

1984 年 Olivetti 公司投产由埃特·索特萨斯和另一些人设计的 M24 型办公用、个人用电脑

1985 年 国际工业设计协会联合会在美国的华盛顿举行题为"现实与展望"的会议

1986 年 "Copy Jack"手持式复印机在日本投产

1987 年 英国"lmmos"生产导致计算机革新的计算机集成块

1987 年 国际工业设计协会联合会在荷兰的阿姆斯特丹举行题为"来自设计的回答"的会议

1988 年 三洋（Sanyo）公司为青少年生产"RoBo"电子产品

1989 年 国际工业设计协会联合会在日本名古屋举行题为"形态的新景观——信息时代的设计"的会议

1989 年 索尼公司为青少年生产"我的第一个 Sony"系列电子产品

1991 年 国际工业设计协会联合会在斯洛维尼亚道卢比亚那举行题为"十字路口——变化的世界"的会议

1991 年 美国和德国积极研究"拆卸设计"（组合设计），宝马（BMW）公司生产出 BMW ZI 型可拆卸汽车

1993 年 国际工业设计协会联合会在英国的格拉斯哥举行题为"设计的复兴"的会议

1995 年 国际工业设计协会联合会在中国台北举行题为"为变革的世界的设计——走向 21 世纪"的会议

2003 年 华为正式成立手机业务部

2004 年 华为第一款 WCDMA 手机 A616 上市

2006 年 国际工业设计协会联合会发布工业设计的新的定义

2007 年 苹果推出了第一部 iPhone

2015 年 在韩国光州召开的第 29 届年度大会，更新了工业设计的定义

2016 年 华为推出第一台 MateBook 笔记本电脑

2017 年 在意大利都灵第 30 届年会上，国际工业设计协会联合会正式更名为国际设计组织（World Design Organization，WDO），Frogdesign 的创始人 Hartmut Esslinger 获得 WDO 世界设计奖，发布了工业设计的最新定义

2019 年 国际设计组织在印度海德拉巴举行题为"以新领导力庆祝人性化设计"的会议，华为推出了搭载鲲鹏 920 处理器的全国产 PC 终端

附录二：

国际工业设计协会联合会及其年会情况

　　"国际工业设计协会联合会"（ICSID）1957年成立于伦敦。该组织每两年举办一次年会，并组织出版设计刊物、举办设计竞赛与设计展览等。下面是自ICSID成立以来召开年会的情况。

届次	时间，地点	主题
第一届	1959年，斯德哥尔摩	工业设计的国际定义
第二届	1961年，威尼斯	社会中工业设计的作用
第三届	1963年，巴黎	关于工业设计的统一要素
第四届	1965年，维也纳	设计与公众（包括交通、道路、教育和保健）
第五届	1967年，蒙特利尔	从人类到人类本身
第六届	1969年，伦敦	设计和社会及其未来
第七届	1971年，伊维萨	流动社会和设计
第八届	1973年，京都	精神与物质
第九届	1975年，莫斯科	适合人类社会需求的设计
第十届	1977年，都柏林	发展与识别
第十一届	1979年，墨西哥城	工业设计——人类发展的要素
第十二届	1981年，赫尔辛基	走向综合设计
第十三届	1983年，米兰	从勺子到城市
第十四届	1985年，华盛顿	现实与展望
第十五届	1987年，阿姆斯特丹	来自设计的回答
第十六届	1989年，名古屋	形态的新景观——信息时代的设计
第十七届	1991年，卢布尔雅那	在十字路口
第十八届	1993年，格拉斯哥	设计复兴
第十九届	1995年，台北	为变化的世界设计——面向21世纪
第二十届	1997年，多伦多	人性化的村庄
第二十一届	1999年，悉尼	时间的观点
第二十二届	2001年，首尔	"和谐"——专注的条件
第二十三届	2003年，汉诺威，柏林	考虑体验——在设计之间
第二十四届	2005年，哥本哈根、奥斯陆、哥德堡、赫尔辛基	设计的角色转变和挑战
第二十五届	2007年，旧金山	连接人与思想
第二十六届	2009年，新加坡	设计差异：设计我们的2050世界
第二十七届	2011年，台北	边缘设计
第二十八届	2013年，蒙特利尔	协会未来发展方向
第二十九届	2015年，光州	重新定义工业设计
第三十届	2017年，都灵	用温和的方式重塑世界；正式更名为WDO
第三十一届	2019年，海德拉巴	以新领导力庆祝人性化设计

附录三：

国际著名工业设计团体及研究机构网站

一、工业设计综合类网站

设计在线：http://www.dolcn.com

设计时代：http://www.design-era.com

全球设计资讯网：http://www.infodesign.com.tw

中国工业设计协会：http://www.uschinabusiness.com/union/design.htm

台湾工业设计协会：http://www.cida.org.tw

北京工业设计促进中心：http://www.bjidesign.com

美国 Core77：http://www.core77.com

美国工业设计师协会：http://www.idsa.org

意大利：http://www.designboom.com

德国：http://www.design-report.de

西班牙：http://www.designmp.com

比利时：http://www.designaddict.com

瑞士：http://www.scandinaviandesign.com

荷兰：http://www.framemag.com

丹麦：http://www.ddc.dk

法国：http://www.designfrance.tm.fr

澳大利亚：http://www.m-pm.com

国际工业设计联合会官方网站：http://www.icsid.org

日本工业设计促进会：http://www.jidpo.or.jp

韩国工业设计促进研究会：http://www.kidp.or.kr

二、世界著名设计公司——欧洲

（1）http://www.absolut.fr

法国无限设计群：互动媒体、高科技产品、人机工程、交通工具等设计。

（2）http://www.fitch.com

英国费奇设计顾问公司：品牌开发、消费环境、新媒体、产品开发。

（3）http://www.welldesign.com

一家在德国、荷兰及中国台湾皆设有分公司的工业设计公司。

（4）http://www.fmdesign.co.uk

英国费若迈尔斯设计公司：咨询顾问及战略策划、研究与分析、品牌开发、产品、结构包装、系列家具、交通工具等设计，计算机辅助设计，模型样机制作及虚拟模型制作。

（5）http://www.alessi.it

意大利阿莱西设计公司。

（6）http://www.design.philips.com

飞利浦设计中心。

（7）http://www.pentagram.com

英国潘塔格拉姆设计公司：国际化、多专业设计公司，企业形象识别系统设计、室内设计、环境标识系统设计、展览设计和产品设计等。

（8）http://www.pilotfishproducts.com

位于德国慕尼黑，在中国台湾及中国大陆亦有分公司，提供符合欧美市场的工业设计。作品在国外获 IF、IDEA、GIO 等设计奖。

（9）http://www.marc-newson.com

英国伦敦的设计公司，网站内产品大多以 3D 图呈现，当然也有真实的产品介绍，强调曲线柔性的设计手法，值得一看。

（10）http://www.via4.com

德国维佛设计公司：工业设计、平面设计。

（11）http://www.mono.de

德国莫诺设计公司，主要从事日用生活用品设计。

（12）http://www.andreanidesign.com

意大利设计公司。

（13）http://www.brooksstevens.com

布鲁克斯·斯蒂文设计，一个多元化产品开发公司，为国内外客户提供可立即投入使用的设计服务，这些服务包括设计研究、人性化设计、工业设计、工程、原形开发和项目管理。

（14）http://www.david.se

David Design 所设计生产的家具行销 22 个不同的国家，它的产品意味着功能性佳，使用舒适方便。基本上整个网页呈现出很简洁的欧洲设计风格，让人感觉特别细致淡雅，弥漫着一种需要细细品味才能感受的美。

（16）http://www.nexteo.com

结合设计与战略咨询的国际顶尖设计公司。前身为 B2F 法国设计公司与 Urvoy 战略咨询公司。服务客户有 DANONE、Cartier、AOL 等国际公司。

（16）http://www.ccd.no

CCD 是位于斯堪德纳维亚的设计工作室，为欧洲市场开发的灯具、家具和技术装备。

（17）http://www.marktunddesign.de

Market & Design 是德国一家多元化的国际设计公司，为客户提供全面的整合设计解决方案，使客户公司的产品成功进入瞬息万变的国际市场。合作的客户有 SONY、Miele、西门子、汉莎航空、LG 电子、德国电信等。

（18）http://www.mnodesign.nl

简·梅利斯及本奥斯·特朗姆，一个工业设计师和一个雕塑艺术家。

（19）http://www.fritzhansen.com

北欧最大的家具制造商，经历了数十年的变化，仍然是欧洲家具的设计指标。旗下的产品包括了蚂蚁椅、蛋椅、天鹅椅等经典中的经典，设计师包括阿尔弗雷德·霍曼、汉斯·丁·韦格纳、阿恩·雅各布森等大师中的大师。

（20）http://www.cbd.dk

CHRISTIAN BJØRN DESIGN 是北欧最大的工业设计公司，是斯堪的那维亚设计风格的代表。

（21）http://www.azumi.co.uk

一家由日本设计师 Shin 和 Tomoko Azumi 在伦敦成立的设计公司，所参与的领域包括产品设计、家具设计以及空间设计。

三、世界著名设计公司——美国

（1）http://www.4ddesign.com

这是一家产品设计和开发公司，主要从事工业设计、机械设计和模型设计，在人体工程学和坚固耐用的手持式产品方面比较突出。

（2）http://www.lunar.com

美国卢勒设计公司：数字化产品设计。

（3）http://www.eccoid.com

美国艾柯设计顾问公司，一家蜚声国际的产品设计公司，多次荣获国际性的设计奖项。

（4）http://www.ideo.com

美国IDEO设计与产品开发公司：战略服务、人因研究、工业设计、机械和电子工程、互动设计、环境设计等。

（5）http://www.ziba.com

美国奇芭设计公司：产品设计、环境设计、传达设计——产品识别、交互设计、机构设计、企业识别、包装、新媒体、展示。

（6）http://www.frogdesign.com

青蛙设计公司：平面设计、新媒体、工业设计、工程设计和战略咨询。成功设计有索尼的特丽珑彩电、苹果的麦金塔电脑、罗技的高触觉鼠标、宏基的渴望家用电脑、Windows XP品牌。

（7）http://www.teague.com

美国提格设计公司：产品开发、交通工具设计、系统工程。

（8）http://www.sanstonemedia.com

San Stone, LLC 是一个产品开发公司，它的设计和销售办事处在美国伊利诺伊州芝加哥，制造工厂在中国广东省。

（9）http://www.newdealdesign.com

品牌塑造和产品设计。

（10）http://www.cesaroni.com

一间传统性强，基础稳固的工业设计公司，除了大型机具、健身用品、医疗器材之外，近年来借由消费性电子产品获得不少奖项。客户包括Zebra、GE、Dixon等知名公司。

（11）http://www.design-central.com

Design Central 的设计团队由一支经过培训的各种专业人员组成，包括用户界面开发人员、工程师、产品设计师、人性化设计专家和视觉传达设计师。

（12）http://www.dcontinuum.com

Design Continuumd 的设计在整体性、用户体验和新的发展方面始终非常优秀。在波士顿、旧金山、米兰和首尔设有工作室。

（13）http://www.definitive-design.com

Definitive Design 是产品开发的领导创新者。

（14）http://www.designworksusa.com

Designworks/USA 是一家在全球得到认可的专业顾问公司，专注于汽车、交通运输和产品设计领域。

（15）http://www.metaformusa.com

Metaform Product Development 是一家成绩显著的公司，在旧金山和硅谷从事于工业设计和产品开发，他们设计的产品不仅新颖还具有很好的市场号召力。

（16）http://www.fioriinc.com

菲奥里通过具有洞察力和创新性的研究、屡获殊荣的设计、新鲜实用的互动策略，帮助企业建立起与消费者的密切联系。

（17）http://www.bleckdesigngroup.com

布雷克设计集团为电子和计算机制造商提供优秀的工业设计和机械工程服务。

四、世界著名设计公司——亚洲

（1）http://www.gk-design.co.jp

日本最大的工业设计公司。

（2）http://www.designexchange.com

新加坡最优秀的工业设计公司。1994 年成立至今荣获了十项国际设计奖，包括三项日本 G-Mark 奖项，其设计最重视提升产品在市场上的竞争能力。除了新加坡，国际客户主要位于中国、美国和日本。客户包括有 Legend、Motorola、Hewlett-Packard、Epson、Siemens、Fujitsu、Omron 等等。

（3）http://www.d-c-i.co.jp

日本设计公司，主要提供交通工具设计、策略设计的 Outsourcing 服务，在全球设有数处设计中心。网站有其作品以及其设备介绍。

（4）http://www.01-design.co.jp

日本 01 工业设计株式会社 1978 年成立，为索尼、爱华、京瓷、三星等公司提供无数成功案例，客户群遍布日本、韩国以及中国。2002 年，日本 01 工业设计株式会社设立深圳办事处，为中国境内公司提供专业工业设计解决方案——企业策划、产品外观设计、机构设计、模型模具以及产品生产。

（5）http://www.a-stream.info

主要设计 ID/MD，主要产品有手机、电脑周边机器、数位相机、胶卷相机、双筒望远镜、家庭电化产品、小型家具的制作试做产品、估计量产费用、介绍量产工场、品质管理等。

西方重要人物/设计师姓名索引（A-Z）
（按姓氏字母排序）

中文名字（英文名字，生卒年月） 首次出现所在章节

参考书目

[1] David Carlson，New report about 5 key design trends，David Report，2008.10.

[2] Nigel Cross，Engineering Design Methods，John Wiley & Sons，Ltd，2008.

[3] Vilém F，The Shape of Things: A Philosophy of Design，London: Reaktion Books，1999.

[4] P. Kroes，"Design Methodology and the Nature of Technical Artifacts"，Design Studies. Vol.23，No.3. pp.287 ~ 302，2002.

[5] G. Lakoff，Johnson M，Philosophy in the Flesh: The Embodied Mind and Its Challenge to Western Thought，New York: Basic Books，1999.

[6] T. Love，"Philosophy of Design: A Meta-theoretical Structure for Design Theory"，Design Studies，Vol.21，No.3，pp.293 ~ 313，2000.

[7] E. Lucie-Smith，A History of Industrial Design，Phaidon，1983.

[8] Galle P，Philosophy of Design: An Editorial Introduction，Design Studies，Vol.23，No.3，p.211 ~ 218，2002.

[9] G. Pahl，W. Beitz，J. Feldhusen，Grote K.-H，Engineering Design: A systematic Approach，Springer，2007.1.

[10] Stewart J. Johnson，American Modern:1925-1940 Design for a New Age，Harry N. Abrams，2000.

[11] Jeffrey Meikle，Twentieth Century Limited: Industrial Design in America，1925-1939，Temple University Press，2001.

[12] David Halberstam，The Fifties，Villard,1993.

[13] Stephen Bayley，Harley Earl，Taplinger Publishing Company，1991.

[14] Vilém F，The Shape of Things: A Philosophy of Design，London: Reaktion Books，1999.

[15] ［美］贝尔，后工业社会，科学普及出版社，1985 年。

[16] 蔡军、梁梅，工业设计史，黑龙江科学技术出版社，2002 年 8 月。

[17] 曹方、邬烈炎，现代主义设计，江苏美术出版社，2001 年。

[18] 曹小欧，国外后现代主义设计，江苏美术出版社，2002 年。

[19] 陈鸿俊，世界工业设计史，湖南美术出版社，2002 年。

[20] 陈瑞林，西方设计史，湖北美术出版社，2009 年。

[21] 陈志华，外国建筑史（19 世纪末叶以前），中国建筑工业出版社，2004 年。

[22] ［美］大卫·雷兹曼，［澳］王栩宁、［澳］若斓·昂、刘世敏、李昶译，现代设计史，中国人民大学出版社，2007 年。

[23] 丁玉兰，人机工程学（第 5 版），北京理工大学出版社，2017 年。

[24] ［英］弗兰克·惠特福德（林鹤译），包豪斯，生活·读书·新知三联书店，2001 年。

[25] ［美］哈罗德·埃文斯（Harold Evans），美国创新史，中信出版社，2011 年。

[26] 韩巍，高技术派设计，江苏美术出版社，2001 年。

[27] 贺挺、廖亮、吕明，人性化设计中的关怀与伦理，山西科技出版社，2005 年第 5 期。

[28] 何人可，工业设计史（第 5 版），高等教育出版社，2019 年 1 月。

[29] 华梅、要彬等，现代设计史，天津人民出版社，2006 年。

[30] ［英］加文·阿兰伍德，皮特·拜尔 著，孔祥富，路融雪 译，国际经典交互设计教程：用户体验设计， 电子工业出版社，2015 年 8 月。

[31] 荆雷、宋玉立，中外设计简史，上海人民美术出版社，2009 年。

[32] ［英］朱迪思·卡梅尔 – 亚瑟，颜芳 译，包豪斯，中国轻工业出版社，2002 年。

[33] ［英］拉克什米·巴斯科兰，甄玉，李斌 译，世界现代设计图史，广西美术出版社，2007 年。

[34] ［日］利光功，刘树信 译，包豪斯——现代工业设计的摇篮，中国轻工业出版社，1988 年 4 月。

[35] 李亮之，工业设计史潮，中国轻工业出版社，2001 年。

[36] 李亮之，包豪斯——现代设计的摇篮，黑龙江美术出版社，2008 年 1 月。

[37] 李砚祖、王明旨主编，徐恒醇著，设计美学，清华大学出版社，2006 年。

[38] 李砚祖、张夫也，中外设计简史，中国青年出版社，2012 年。

[39] 李约瑟，中国与西方的科学与社会，上海科技出版社，1956 年。

[40] 李泽厚，美学三书，商务印书馆，2006 年 10 月。

[41] 梁梅，世界现代设计图典，湖南美术出版社，2000 年。

[42] 梁梅，世界现代设计史，上海人民美术出版社，2009 年。

[43] 梁政，张宇虹，乌尔姆式的设计理念和教育观念——浅析乌尔姆造型学院的发展历程，艺术与设计（理论），2010 年第 6 期。

[44] 刘华东，韩颖，朱长征，中外设计史，湖南大学出版社，2013 年。

[45] 卢永毅、罗小未，产品设计现代生活，中国建筑工业出版社，1995 年。

[46] 罗小未，外国近现代建筑史（第二版），中国建筑工业出版社，2004 年 8 月。

[47]［英］玛格丽特·A.博登，刘西瑞、王汉琦 译，人工智能哲学，上海译文出版社，2001 年。

[48]［美］唐纳德·诺曼，梅琼 译，设计心理学，中信出版社，2010 年。

[49] 裴文中，旧石器时代之艺术，商务印书馆，2015 年。

[50]［英］彭尼·斯帕克，设计百年，中国建筑工业出版社，2005 年。

[51] 钱凤根、舒艳红，设计概论，岭南美术出版社，2004 年。

[52] 盛晓明，客观性的三重根，中国人民大学出版社，2005 年。

[53] 赵汀阳 主编，第一哲学，中国人民大学出版社，2005 年

[54] 司马贺，武夷山 译，人工科学——复杂性面面观，上海科技教育出版社，2004 年。

[55] 王明旨，工业设计概论，高等教育出版社，2007 年。

[56] 王受之，世界现代设计史（第 2 版），中国青年出版社，2015 年 12 月。

[57] 王雅儒，工业设计史，中国建筑工业出版社，2005 年。

[58] 王正书，明清家具鉴定，上海世界出版集团，2007 年 2 月。

[59]［美］威·约·马丁，胡昌平 译，信息社会，武汉大学出版社，1992 年。

[60] 邬烈炎，解构主义设计，江苏美术出版社，2001 年。

[61] 吴翔，产品系统设计（产品设计 2），中国轻工业出版社，2000 年。

[62]［美］谢卓夫著，刘新、覃京燕 译，设计反思：可持续设计策略与实践，清华大学出版社，2011 年 6 月。

[63] 许力，后现代主义建筑 20 讲，上海社会科学院出版社，2005 年 6 月。

[64] 尹定邦，设计学概论，湖南科学技术出版社，2006 年。

[65]［美］哈罗德·埃文斯（Harold Evans），美国创新史，中信出版社，2011 年。

图书在版编目（CIP）数据

工业设计史 / 王晨升等编著. -- 3版. -- 上海 ：
上海人民美术出版社，2022.1
ISBN 978-7-5586-1806-2

Ⅰ．①工… Ⅱ．①王… Ⅲ．①工业设计－历史－世界
Ⅳ．①TB47-091

中国版本图书馆CIP数据核字(2020)第202282号

工业设计史（第三版）

编　　著：王晨升 等

策　　划：孙　青

责任编辑：孙　青　张乃雍

特约编辑：马海燕

设计制作：朱庆荧

技术编辑：史　湧

出版发行：上海人民美術出版社

地　　址：上海长乐路 672 弄 33 号

邮　　编：200040 电话：021-54044520

网　　址：www.shrmms.com

印　　刷：上海丽佳制版印刷有限公司

开　　本：787×1092　1/16　16印张

版　　次：2022 年 1 月第 1 版

印　　次：2022 年 1 月第 1 次

书　　号：ISBN　978-7-5586-1806-2

定　　价：78.00 元